Pia Gerecke

Stresspunktmassage beim Hund

Muskelprobleme erkennen behandeln vorbeugen

© 2025 Kynos Verlag Dr. Dieter Fleig GmbH
Konrad-Zuse-Straße 3, D-54552 Nerdlen/Daun
Telefon: 06592 957389-0
Kontakt: info@kynos-verlag.de
www.kynos-verlag.de

Grafik & Layout: Kynos Verlag

Gedruckt in Lettland

1. Auflage 2025
ISBN 978-3-95464-347-9

Bildnachweis: Coverfoto Annett Mirsberger
Alle Fotos Nicole Hilgers oder Matthias Gerecke außer: S. 6-7, S. 157 Mascha Brichta; S. 25 xamtiw-stock.adobe.com; S. 39 links Katja Krauß und rechts Gabi Maue

Inhaltsverzeichnis

Einleitung 8

Vorwort 10

Von Claus Teslau 10

Teil I Grundlagen 11

1. Triggerpunkte und Stresspunkte 12

2. Muskellehre 15

Muskelaufbau 15

Wie zieht sich ein Muskel zusammen? 16

Wie entsteht eine Muskelverspannung? 17

Muskelfunktion 18

3. Ursachen und Symptome von Muskelverspannungen 20

Ursachen 20

Symptome 22

4. Erkennen von Stresspunkten 23

5. Faszien 25

Das dreidimensionale Netzwerk 25

Faszienaufbau 27

6. Allgemeine Grundlagen der Stresspunktbehandlung 29

Mit den Händen sehen lernen 29

Tastbare Knochenpunkte 30

Das Stressgesicht 38

Was bei einer Stresspunktbehandlung zu beachten ist 39

Massagegriffe zur Vorbereitung einer Stresspunktbehandlung 42
Behandlungstechnik von Stresspunkten 54
Dehnungen 58
Nach der Behandlung 62

II. Praxisteil Stresspunktmassage 63

1. Stresspunkte der besonderen Kopfbeweger 65

Großer gerader Kopfmuskel (M. rectus capitis dorsalis major)
und hinterer schiefer Kopfmuskel (M. obliquus capitis caudalis) 65

2. Stresspunkte der Schultergürtelmuskulatur 72

Arm-Kopf-Muskel (M. brachiocephalicus)
und Schulter-Hals-Muskel (M. omotransversarius) 72
Trapezmuskel oder Kapuzenmuskel (M. trapezius) 79
Gezahnter Muskel (M. serratus ventralis) 86
Brustmuskulatur (Mm. pectorales) 92
Breiter Rückenmuskel (M. latissimus dorsi) 98

3. Eigenmuskeln der Schultergliedmaße 104

Obergrätenmuskel (M. supraspinatus) 104
Untergrätenmuskel (M. infraspinatus) 108
Dreiköpfiger Oberarmmuskel (M. triceps brachii) 111

4. Muskeln der Bauchwand 115

Gerader Bauchmuskel (M. rectus abdominis) 115

5. Lange Hals- und Rückenmuskulatur 119

Langer Rücken-, Hals- und Kopfmuskel (M. longissimus) 119

6. Eigenmuskeln der Beckengliedmaße 129
Mittlerer Kruppenmuskel (M. gluteus medius) und oberflächlicher
Kruppenmuskel (M. gluteus superficialis) 129
Spanner der Oberschenkelfaszie (M. tensor fasciae latae) 137
Zweiköpfiger Oberschenkelmuskel (M. biceps femoris) 144
Der halbsehnige Muskel (M. semitendinosus)
und halbhäutige Muskel (M. semimembranosus) 145
Schlusswort 155
Über die Autorin 156
Danksagung 158
Quellenverzeichnis 159

Einleitung

Kommen Sie mit auf eine Reise in die faszinierende Welt der Muskeln und Faszien. Erfahren Sie, welche Ursachen hinter Muskelverspannungen stecken können und wie unterschiedlich sich die Beschwerden äußern. Erlernen Sie neben der Stresspunktmassage einfache Handgriffe aus der Faszientherapie und finden Sie Antworten auf Fragen, die die Gesundheit Ihres Hundes betreffen. Dieses Buch richtet sich an interessierte und anspruchsvolle Hundehalter. Gut strukturiert und praxisnah aufgebaut, kann es ebenfalls Hundetherapeuten als hilfreiches Nachschlagewerk dienen.

Unsere Hunde leiden wie wir unter Muskelverspannungen. Ihre Fähigkeit, die damit verbundenen Schmerzen zu verbergen, macht es uns nicht leicht, die Beschwerden gleich zu erkennen. Sie sind Meister darin, Bewegungseinschränkungen durch Schonhaltung zu kompensieren. Erst wenn die Kompensationsmöglichkeit erschöpft ist, wird ein verändertes Gangbild sichtbar.

Stresspunkte, die durch ein Ungleichgewicht aus Belastung und Belastbarkeit der Muskulatur entstehen, ermöglichen es uns, Muskelverspannungen frühzeitig zu erkennen, da der Hund schon bei leichtem Druck auf die Punkte reagiert. Unbehandelt führen Muskelverspannungen in einen Teufelskreis aus reduzierter Bewegung und immer mehr Schmerzen. Es kommt aber nicht nur darauf an, Verspannungen zu lösen, entscheidend ist es, die Ursachen zu finden, um vorbeugen zu können. Gleichzeitig spielen das Kennen und Erkennen von Symptomen eine große Rolle. Wenn Sie nicht sehen, dass Ihr Hund eine Schonhaltung einnimmt, gibt es für Sie auch keinen Grund zu handeln. Hier nimmt das Buch Sie an die Hand und listet anatomisch geordnet sowohl auslösende Faktoren als auch Anzeichen einer Verspannung auf. Beobachten Sie Ihren Hund und entwickeln Sie ein Gespür dafür, ob er unter Muskelproblemen leidet und suchen Sie nach den Ursachen, um etwas zu verändern.

Die Entscheidung, ein Buch über Stresspunktmassage und Faszientherapie zu schreiben, das sich auch an Hundehalter richtet, ist mir nicht leichtgefallen, gibt es doch viele Stimmen, die der Meinung sind, dass Behandlungstechniken ausschließlich in Therapeutenhände gehören. Mir hat der Praxisalltag aber gezeigt, dass viele Hundebesitzer sehr wohl in der Lage sind, mehr zur Gesunderhaltung Ihrer Hunde beizutragen als nur gutes Futter zu kaufen. Ich habe die einzelnen Techniken Schritt für Schritt so aufbereitet, dass Ihnen eine Durchführung gelingt. Zahlreiche Fotos werden Ihnen die Umsetzung erleichtern.

Gleichzeitig gehe ich bei jeder Anleitung ausführlich auf mögliche Fehlerquellen ein und wiederhole bewusst, dass Sie bei den Anwendungen immer Ihren Hund im Blick behalten, um entsprechend seiner Reaktion die Behandlung anzupassen. Gehen Sie mit viel Gefühl, Ruhe und Geduld ans Werk und zwingen Sie ihn zu nichts. Sollten Sie unsicher sein, ob Ihr Hund aufgrund bestimmter Vorerkrankungen behandelt werden darf, wenden Sie sich vorher an Ihren Tierarzt oder Hundetherapeuten.

Das Buch ersetzt nicht den Gang zum Tierarzt oder Hundetherapeuten. Es zeigt Ihnen aber Möglichkeiten auf, Ihrem Hund zu mehr Wohlbefinden und Bewegungsfreude zu verhelfen.

Ich wünsche Ihnen viel Freude dabei.

Ihre
Pia Gerecke

Vorwort

Von Claus Teslau

Auch wenn die physiotherapeutische Arbeit an und mit Hunden nicht direkt zu meinen Arbeiten gehört oder besser gehörte, ist es sehr erfreulich, wenn eine Kollegin sich mit der Behandlung von Hunden mit Physiotherapie intensiv betätigt.

Wenn dann noch die Stresspunktmassage einen wesentlichen Teil ihrer Arbeit ausmacht, dann freut es mich ganz besonders.

Die Stresspunktmassage oder noch besser myofasziale Tiefenmassage wurde von dem US-Amerikaner Jack Meagher zuerst am Menschen und später umfangreich an Pferden eingesetzt.

Ich habe mich schon über zwanzig Jahre mit dieser besonderen Therapieform beschäftigt und erfahren können, wie wirkungsvoll Tiere – und eben in meinem Fall Pferde – darauf reagieren.

Ich wünsche meiner Kollegin Pia Gerecke sehr viele Erfolge, wenn sie die Stresspunktmassage adaptiert bei Hunden anwendet. Es würde mich freuen, wenn dieses Buch dazu beiträgt, die Möglichkeit, den Hunden zu helfen, möglichst vielen Hundebesitzern bekannt macht.

Rheine, im September 2024
Claus Teslau

TEIL I
GRUNDLAGEN

1. Triggerpunkte und Stresspunkte

Hunde haben einen hohen Anteil an Muskelmasse. Muskelverspannungen und damit verbunden Trigger- beziehungsweise Stresspunkte spielen daher für die Gesundheit der Hunde eine wesentliche Rolle.

Wenn von Triggerpunkten die Rede ist, sind oftmals die myofaszialen Triggerpunkte gemeint, die im Muskelbauch liegen. Sie sind meist knötchenförmig in einem Spannungsband zu ertasten und verursachen Schmerzen im angrenzenden Gewebe, können Schmerzen aber auch in andere Körperregionen ausstrahlen. Es ist noch nicht abschließend geklärt, wie sich Triggerpunkte entwickeln. Bisher geht man davon aus, dass ihre Entstehung auf eine lokal begrenzte Energiekrise im Gewebe durch überlastete Muskulatur zurückzuführen ist. Damit sich ein Muskel zusammenzieht, muss er zunächst von einem Nerv stimuliert werden. Die Weiterleitung der Nervenerregung an die Muskelzelle erfolgt an der Kontaktstelle zwischen Muskel- und Nervenzelle, auch motorische Endplatte genannt. Bei Überanstrengung kommt es zur Schädigung der motorischen Endplatte mit der Folge, dass einzelne Muskelabschnitte ständig Signale zur Kontraktion erhalten. Die angespannten Muskelfasern drücken auf das umliegende Gewebe, folglich kommt es zu einer lokalen Minderdurchblutung und damit zu einem Sauerstoffmangel. Es kann nicht mehr genügend Energie produziert werden, um die Fasern zu entspannen. Bei anhaltender Verspannung werden Stoffwechselendprodukte schlechter abtransportiert, die Muskelfasern verkleben und die Leistungsfähigkeit der Muskulatur ist herabgesetzt. Im schlecht durchbluteten Gewebe sinkt zudem der pH-Wert und der Hund empfindet Schmerz, da ein saures Milieu ein starker Reiz für Schmerzrezeptoren ist. Er geht zusätzlich in Schonhaltung.

Der Begriff der Stresspunkte wurde vom Humanphysiotherapeuten Jack Meagher geprägt, der bereits in den 80er Jahren die Stresspunktmassage für Pferde entwickelte. Er bezeichnete druckempfindliche Punkte am Übergang vom Muskel zur Sehne als Stresspunkte. Deren Bildung führte er darauf zurück, dass eine Bewegung am stärksten den Muskel-Sehnen-Übergang belastet. Zieht sich ein Muskel zusammen, erfolgt ein Zug auf die Sehne. Da das Sehnengewebe nur eine geringe Dehnfähigkeit von etwa zehn Prozent besitzt (Muskelgewebe 90 Prozent), ist die Belastung hier höher als an anderer Stelle. Zudem sind Sehnen kaum durchblutet und daher bei Überlastung verletzungsanfälliger. Wenn sich nun Muskeln verspannen, erstreckt sich die Spannung über die gesamte Länge der betroffenen Muskelfasern (Spannungsband) und zieht so permanent an den Sehnen. Die Spannung überträgt sich somit auf den Muskel-Sehnen-Übergang, entzündliche Schwellungen können sich dort bilden und werden schmerzempfindlich. Gleichzeitig führt die Muskelverspannung zu lokalen Durchblutungsstörungen, Sauerstoffmangel und folglich auch hier zur Energiekrise. Der Abtransport von Stoffwechselendprodukten ist verringert, die Muskelfasern verkleben und die Leistungsfähigkeit der Muskulatur ist eingeschränkt. Aufgrund der Minderdurchblutung sinkt der pH-Wert im Gewebe und das saure Milieu reizt die Schmerzrezeptoren. Wenn sich Stresspunkte gebildet haben, reagiert der Hund bereits bei leichtem Druck darauf. So können Verspannungen frühzeitig erkannt und rechtzeitig gelöst werden, bevor sie sich manifestieren und zu Folgeschäden führen. Hunderassen unterscheiden sich in ihrem Exterieur deutlich voneinander, und daher kann die Stresspunktlage rassespezifisch variieren. Stresspunkte sind somit in Stresspunktzonen zu suchen, das bedeutet, dass sie nicht nur auf beiden Seiten im Übergang vom Muskel zur Sehne zu finden sind, sondern auch entlang der Muskelränder, also am Muskel-Muskel-Übergang. Diese Zonen sind im Praxisteil anhand von Fotos dargestellt. Abhängig von der Aktivität des Hundes können Körperregionen unterschiedlich stark von Stresspunkten betroffen sein.

Stresspunkte werden je nach Literatur auch als muskulotendinöse Triggerpunkte oder Ansatztriggerpunkte (Attachment-Triggerpunkte) bezeichnet. Die Bezeichnung „Stresspunkt" ist demnach kein festgeschriebener Begriff. Stresspunkte und Triggerpunkte lassen sich im Prinzip auch nicht klar voneinander trennen. Zum einen ist der Anteil an Muskelmasse bei Hunden hoch, zum anderen sind die Übergänge der einzelnen Körpergewebe fließend, da Sehnenfasern in Muskelfasern übergehen.

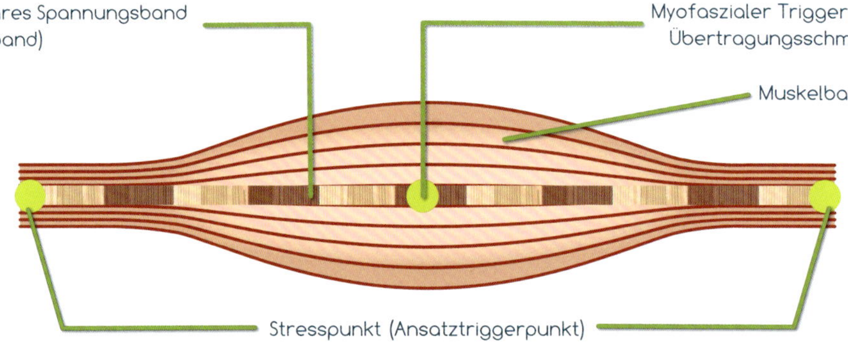

Schematische Abbildung eines verspannten Muskelfaserbündels mit myofaszialem Triggerpunkt und Stresspunkten (Ansatztriggerpunkten)

Info

Unabhängig von der Lage der Punkte, ob im Muskelbauch oder am Muskel-Sehnen-Übergang, beruht ihre Entstehung immer auf einem Ungleichgewicht aus Belastung und Belastbarkeit der Muskulatur. Folglich erhöht sich die Muskelspannung, der Energiebedarf steigt bei gleichzeitig verringerter Durchblutung. Die Leistungsfähigkeit der Muskulatur ist eingeschränkt, der Hund empfindet Schmerzen und das Verletzungsrisiko ist erhöht. Nach Jack Meagher werden die Übergänge vom Muskel zur Sehne am meisten beansprucht, da die kontrahierten Muskelfasern stark an den gering dehnbaren Sehnen ziehen, wodurch sich druckempfindliche Punkte entwickeln können. Er bezeichnete diese Stellen als Stresspunkte, andere Autoren trennen Stresspunkte und Triggerpunkte nicht. Der Begriff „Stresspunkt" ist somit nicht festgelegt. Da Hunde sich in ihrem Körperbau stark voneinander unterscheiden, sind Stresspunkte in Stresspunktzonen zu finden.

2. Muskellehre

Muskelaufbau

Damit verständlich wird, warum es wichtig ist, Stresspunkte zu behandeln und worauf dabei zu achten ist, müssen wir uns zunächst näher mit dem Aufbau und der Funktion der Muskulatur befassen.

Jeder Skelettmuskel setzt sich aus vielen Muskelfaserbündeln zusammen. Diese Bündel enthalten mehrere Muskelfasern, die wiederum aus Muskelfibrillen bestehen. Eine Muskelfibrille wird durch Aneinanderreihung von Sarkomeren, der kleinsten funktionellen Muskeleinheit, gebildet. Durch den immer gleichen Aufbau der Sarkomere längs der Muskelfibrillen zeigen sich im Mikroskop die charakteristischen Querstreifen, weshalb die Skelettmuskulatur als quergestreifte Muskulatur bezeichnet wird.

Die Muskeln werden von bindegewebigen Strukturen, den Faszien, umhüllt und durchzogen. Die Faszie, die den gesamten Muskel umgibt, wird als Epimysium bezeichnet. Von diesem ausgehend ziehen Bindegewebsstränge ins Muskelinnere und umhüllen die Muskelfaserbündel, das sogenannte Perimysium. Vom Perimysium ziehen wiederum Stränge zu den Muskelfasern und grenzen diese voneinander ab, deren Ummantelung als Endomysium bezeichnet wird. Wie ein dreidimensionales Netz durchziehen Faszien lückenlos den gesamten Körper. Eine Trennung von Faszie und Muskel ist daher kaum möglich. Die myofasziale Tiefenmassage (*myo* = Muskel und *faszial* = die Faszie betreffend), die Jack Meagher Stresspunktmassage nannte und deren Ausführung noch näher beschrieben wird, dringt tief in die Muskel- und Faszienschicht vor.

Info

Ein Muskel setzt sich aus vier funktionellen Einheiten zusammen, den Muskelfaserbündeln, Muskelfasern, Muskelfibrillen und Sarkomeren. Der Muskel wird in seiner Gesamtheit von Faszien, die alle miteinander verbunden sind, umhüllt und durchzogen. Muskeln und Faszien sind somit immer als Einheit zu betrachten (s. Abb. nächste Seite).

Schematischer Aufbau eines Skelettmuskels in seinen verschiedenen Ebenen (Ausschnittsvergrößerungen)

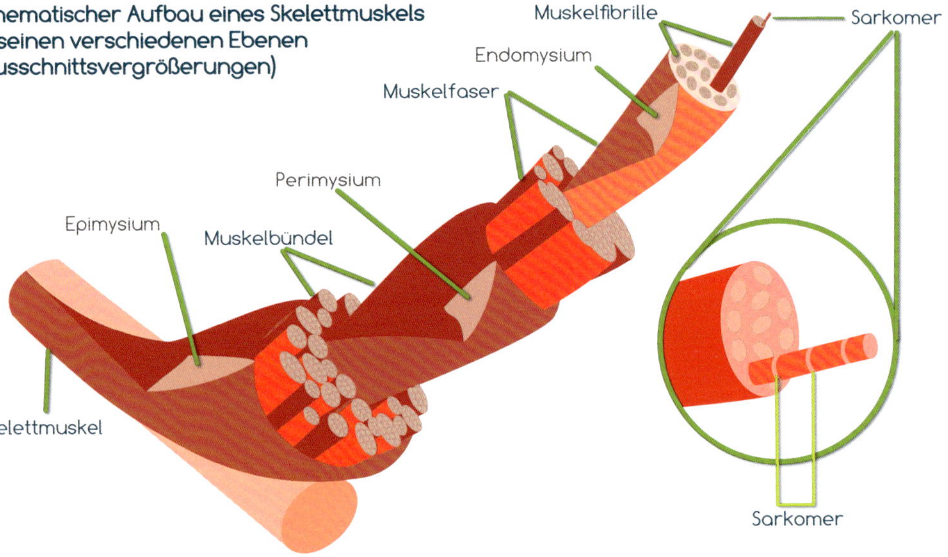

Wie zieht sich ein Muskel zusammen?

Das Geheimnis der Muskelbewegung steckt in der Verkürzung der unzähligen Sarkomere. Werfen wir also einen Blick in das Innere des Sarkomers mit seinen wichtigsten Eiweißen (Proteinen) Aktin, Myosin und Titin. Hier wird deutlich, warum dem Körper über die Nahrung Protein zugeführt werden muss, damit Muskelbewegung respektive Muskelaufbau erfolgen kann.

Z-Scheiben, die durch Aktin gebildet werden und von denen zu beiden Seiten Aktinfäden ausgehen, verbinden die einzelnen Sarkomere miteinander. Über das größte Proteinmolekül des Körpers, das Titin, werden auch Myosinfäden an diesen Scheiben befestigt, und zwar so, dass sie zwischen den Aktinfäden liegen. Titin sorgt somit für die Ruhespannung, Elastizität und Stabilität des Sarkomers. Durch einen Nervenimpuls ausgelöst, strömt Kalzium in die Zelle und sorgt dafür, dass sich das Myosin mit seinem Köpfchen ans Aktin binden kann. Unter Verwendung von Energie, die aus der Umwandlung von Adenosintriphosphat (ATP) zu Adenosindiphoshat (ADP) gewonnen wird, führt das Myosinköpfchen eine Nickbewegung aus. Myosin und Aktin gleiten aneinander vorbei, Myosin- und Aktinfäden überlappen sich stärker und das Sarkomer verkürzt sich. Aufgrund der Aneinanderreihung der Sarkomere addieren sich die Verkürzungen der Sarkomere zu einer Muskelkontraktion. Hört die nervale Aktivierung auf, sinkt die Kalziumkonzentration in der Zelle und das Myosinköpfchen kann wieder in seine Ausgangslage zurückgleiten, sodass sich das Sarkomer entspannt.

Ein Sarkomer im entspannten und verkürzten Zustand

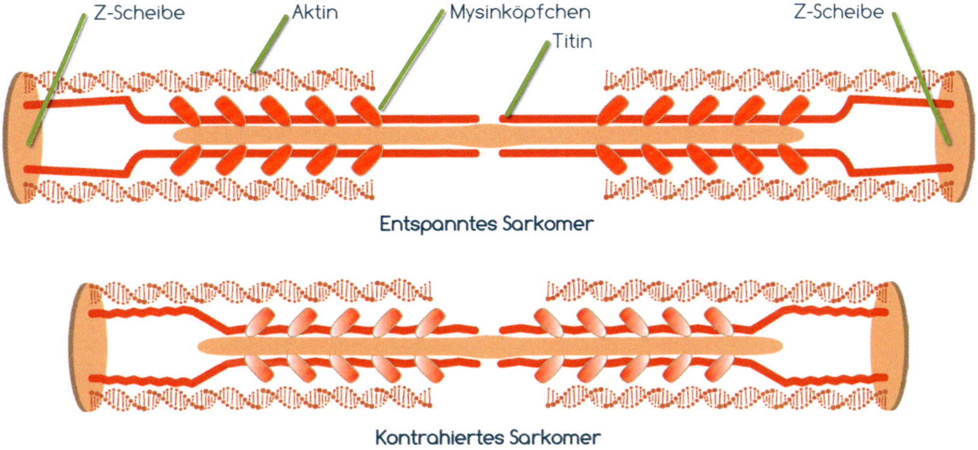

Info

Die Muskelkontraktion erfolgt auf Sarkomerebene mit seinen Strukturproteinen, Myosin, Aktin und Titin. Unter erhöhter Kalziumkonzentration in der Zelle verbinden sich Myosinköpfchen mit Aktin und können mit der durch ATP-Spaltung gewonnenen Energie aneinander vorbeigleiten. Das Sarkomer verkürzt sich. Nach der Kontraktion führt das Titin das Myosin in seine Ausgangsposition zurück.

Wie entsteht eine Muskelverspannung?

Im Vergleich zur Muskelanspannung ist die Entspannung des Muskels der eigentliche energieverbrauchende Prozess. Am Myosinköpfchen ist das Molekül ATP angelagert. Durch Anwesenheit von Kalzium wird die Kontaktstelle am Myosinköpfchen, an dem ATP hängt, frei und kann sich nun ans Aktin binden. Bei der Abspaltung eines Phosphat-Moleküls vom ATP zum ADP wird die dabei gewonnene Energie für das aneinander Vorbeiziehen von Myosin und Aktin verwendet. Damit sich die Proteine wieder voneinander lösen können und sich so das Sarkomer entspannt, muss ATP synthetisiert werden. Hierfür wird die Zufuhr von Energie benötigt. Aufgrund der Minderdurchblutung und demzufolge des Sauerstoffmangels ist das nicht möglich. Es herrscht eine Energiekrise, die zu einer Dauerkontraktion führt. Gleichzeitig übersäuert das Gewebe und führt zu Schmerzen.

Info

Die Muskelentspannung ist der eigentliche energieverbrauchende Prozess. Die verspannten Muskelfasern drücken auf das umliegende Gewebe, das dadurch mit weniger Blut und Sauerstoff versorgt wird. Dadurch kann nicht genügend Adenosintriphosphat zur Entspannung der Muskulatur gebildet werden. Die Muskulatur bleibt verspannt und führt zur Übersäuerung und damit zu Schmerzen im Gewebe.

Muskelfunktion

Ist ein Muskel über einen längeren Zeitraum verspannt und kann daher seine Funktion nur unzureichend erfüllen, übernehmen die umliegenden Muskeln die Leistung und werden nun ihrerseits stärker belastet. So kann sich das Problem wie ein roter Faden durch den Körper ziehen. Daher ist es so wichtig, frühzeitig mit Hilfe der Stresspunkte Verspannungen aufzuspüren und zu behandeln.

Bewegung wird durch das Zusammenspiel von Muskeln, Faszien, Sehnen, Knochen und Gelenken ermöglicht, wobei die von der Muskulatur erzeugte Kraft von den Faszien übertragen wird. Über Querverbindungen zwischen den Faszien der benachbarten Muskeln und Muskelgruppen bewegen sich angrenzende Muskeln immer mit. Ein Muskel, der eine bestimmte Bewegung vorgibt, wird als Agonist bezeichnet. Der muskuläre Gegenspieler ist der Antagonist. Zieht sich beispielsweise ein Beuger (Agonist) zusammen, wird gleichzeitig ein Strecker (Antagonist) bis zu einem gewissen Maß gedehnt und kontrahiert dann ebenfalls und sorgt so für eine Gegenspannung. Die Beugebewegung wird gehemmt und macht die Beugung wieder rückgängig. Zieht sich ein Muskel zusammen, kontrahieren auch immer angrenzende Muskeln, und wird ein Muskel gedehnt, dehnen sich benachbarte Muskeln stets mit. Muskeln, die in die gleiche Richtung arbeiten, sind sogenannte Synergisten.

Muskeln können mehr Bewegungs- oder mehr Haltefunktion ausüben. Ob mehr Halte- oder Bewegungsarbeit geleistet wird, liegt am Mischungsverhältnis der Muskelfasertypen. Haltemuskeln neigen bei Fehlhaltung eher zu Verspannungen, während Muskeln, die mehr Bewegungsfunktion ausüben, schneller verkümmern (atrophieren). Damit die Funktionen eines Muskels sichergestellt sind, gibt es sowohl im Muskelbauch als auch im Übergang vom Muskel zur Sehne Kontrollsysteme, die den Muskel vor Überdehnung beziehungsweise Überlastung schützen. Parallel zu den Fasern im Muskel ist die Muskelspindel eingelagert, die die Längenänderung eines Muskels registriert. Wird der Muskel bis zu einem gewissen Maß an Spannung gedehnt, wird auch die Muskelspindel gedehnt und sendet Signale an das Rückenmark. Droht ein Muskel zu stark gedehnt zu werden, erfolgt eine Korrektur der Muskellänge, indem sich der Muskel zusammenzieht. Somit wird die Muskelspindel nicht mehr gedehnt und auch nicht weiter gereizt. Diesen Vorgang, auch Dehnungsreflex genannt, kennen wir alle durch den Kniesehnenreflex (Schlag auf die Sehne unterhalb der Kniescheibe, worauf der Unterschenkel nach oben schnellt).

Der zweite Regler ist die Sehnenspindel, auch als Golgi-Sehnen-Apparat bezeichnet, die im Muskel-Sehnen-Übergang liegt und für die optimale Muskelspannung sorgt. Eine Erhöhung der Muskelspannung bewirkt auch eine vermehrte Anspannung der Sehne. Die Sehnenspindel wird angeregt und sendet ebenfalls Signale an das Rückenmark. Ist ein bestimmter Sollwert überschritten, bewirkt die Sehnenspindel eine reflektorische Hemmung der Muskelkontraktion, der Muskel entspannt. Den Reflex der Sehnenspindel macht man sich bei den Dehnübungen, die Teil der Stresspunktbehandlung sind, zunutze.

Info

Ein Muskel arbeitet immer mit anderen Muskeln zusammen. So können sich Verspannungen auf andere Muskeln übertragen und überlastet werden. Daher ist es so wichtig, frühzeitig mit Hilfe der Stresspunkte Verspannungen aufzuspüren und zu behandeln. Sowohl im Muskel als auch in der Sehne gibt es Kontrollsysteme mit verteilten Rollen, die über Länge und Spannung der Muskulatur wachen und die bei der korrekten Ausführung von Muskeldehnungen berücksichtigt werden müssen.

3. Ursachen und Symptome von Muskelverspannungen

Ursachen

Wenn die Muskeln schmerzen, kann das viele Ursachen haben. Daher ist es wichtig, dem Problem auf den Grund zu gehen und genauso wichtig, offen für Veränderungen zu sein. Ansonsten können sich die Beschwerden erneut zeigen und es werden lediglich die Symptome behandelt.

Allgemein gilt, dass übermäßiges und einseitiges Training, aber auch unzureichende Regenerationszeit zwischen den Trainingseinheiten oder zu kurze Aufwärm- und Abkühlphasen vor beziehungsweise nach dem Sport zu Muskelverspannungen und damit zu Stresspunkten führen können. Sogar bei einem ganz normalen Spaziergang ist darauf zu achten, dass der Hund nicht aus dem Auto springt und gleich losrennt, sondern sich die Muskulatur im Gehen erst einmal erwärmen kann. Häufiges Springen, Klettern, enge Wendungen, Ball-, Stöckchen- und Zerrspiele, aber auch harter Untergrund wie Asphalt oder gefrorener Boden stellen eine hohe Belastung für den gesamten Bewegungsapparat dar. Sowohl orthopädische Erkrankungen als auch Verletzungen, beispielsweise durch Ausrutschen, Sturz oder Kollisionen führen zu Schonhaltung und Fehlbelastung und so zu Überlastung einzelner Muskelbereiche, während andere kaum beansprucht werden. Das Gleiche trifft für Hunde zu, die immer nur an der Leine geführt werden. Auch sie können sich einen unnatürlichen Gang angewöhnen, der zu Fehlbelastung führt. Freilauf ist also wichtig für eine gesunde Muskulatur. Selbst Bewegungsmangel, psychischer Stress und geringe Flüssigkeitszufuhr (wenn Hunde zu wenig trinken) beeinflussen die Muskulatur negativ. Zug- und Hütehunde oder Hunde, die bei der Jagd, im Schutz- und Rettungsdienst eingesetzt werden, leiden vermehrt unter Verspannungen. Muskelprobleme können sowohl die Folge von Alter, Körperbau, Übergewicht, arthritischen oder blockierten Gelenken und Organproblemen als auch von Kälte, Nässe, Zugluft und einem zu harten Schlafplatz sein. Es ist nicht zu übersehen, dass die Liste lang ist. Es ist daher nicht immer einfach, die Ursachen von Muskelverspannung zu finden, doch sollten die Gründe von Verspannungen hinterfragt werden und Veränderungen folgen. Im Praxisteil werden zusätzlich Einflüsse aufgeführt, die auf bestimmte Muskelgruppen zutreffen.

Tipps zur Vorbeugung von muskulären Verspannungen

Freilauf und vielfältige Bewegung auf unterschiedlichen Untergründen
An das Alter und die Gesundheit angepasste Bewegung
Regelmäßiges Abtasten des Hundekörpers auf z. B. Schwellungen, Verletzungen, Temperaturunterschiede, Parasiten und Fremdkörper
Passendes Brustgeschirr und Halsband
Sportart an Rasse, Körperbau, Alter und individuelle Eigenschaften anpassen
Warm-up und Cool-down nicht vergessen
Keine intensiven Bewegungen wie Sport, Treppensteigen, Radfahren im Hauptwachstum (je nach Rasse die ersten sieben bis 18 Monate)
Rampe für das Auto zum Ein- und Aussteigen benutzen
Ausreichende Flüssigkeitszufuhr (Anreize schaffen, z. B. Wasser mit etwas Milch anreichern)
Ausgewogene Ernährung
Auf Gewicht achten
Vermeidung von Überforderung und Unterforderung
Mantel bei Regen und Kälte, insbesondere für Welpen, Senioren, Rassen mit wenig Unterwolle und Hunde aus warmen südlichen Regionen
Weicher und warmer Schlafplatz ohne Zugluft
Stress vermeiden, beispielsweise durch einen ruhigen Rückzugsort im Alltag
Pflege von Krallen, Ballen, Zähnen, Fell, Ohren und Analdrüse
Regelmäßiger Tierarztbesuch (allgemeine Kontrolle auch mit Blutbild)
Regelmäßige Therapie bei körperlichen Einschränkungen
Auf verändertes Verhalten, Gangbild und Körperhaltung achten

Symptome

Wie sich eine Muskelverspannung äußert, hängt unter anderem davon ab, wie lange die Verspannung schon besteht. Manifestiert sie sich, kann sie zu erheblicher Bewegungseinschränkung und unklarer Lahmheit führen. Die Leistungsfähigkeit der Muskulatur nimmt ab, da sie weniger dehnbar ist und schneller ermüdet. Die Folge sind Schmerzen, der Hund nimmt eine Schonhaltung ein, wodurch sich das Verletzungsrisiko erhöht. Ein kleiner Fehltritt, zum Beispiel beim Sport oder Spiel, kann da bereits zu weitreichenden Problemen im Bewegungsapparat führen. Daher ist es wichtig, Symptome, die auf Muskelverspannungen hinweisen, zu kennen und zu erkennen. Unsere Hunde lassen sich jedoch nicht in ein Schema pressen, da jeder Hund individuell reagiert. So wird der eine Hund bei Schmerzen ruhig und antriebslos, während der andere eher Agressionen zeigt. Auch nehmen nicht alle Hunde die gleiche Schonhaltung ein, aber oftmals lässt sich die Körperregion, die Probleme bereitet, eingrenzen. Lahmheiten, Abnahme der Muskelmasse, Berührungsempfindlichkeit an bestimmten Stellen, Belecken oder Benagen von Körperarealen oder veränderte Fellstruktur deuten schon recht gezielt auf gewisse Bereiche hin. Im Praxisteil sind die für die einzelnen Stresspunkte typischen Schmerzmuster aufgelistet.

4. Erkennen von Stresspunkten

Anhand welcher Kriterien sind nun Stresspunkte zu erkennen, und worauf ist bei der Stresspunktsuche zu achten?

Zunächst weisen Symptome, die für die einzelnen Stresspunkte charakteristisch sind und auf die im Einzelnen im Praxisteil noch näher eingegangen wird, wie auch eine geringere Dehnfähigkeit und Ausdauer der Muskulatur auf ein Problem hin. Bei Bewegungseinschränkungen und Schmerzen nach Belastung sollten Sie sich den Muskelbereich ebenfalls näher anschauen. Außerdem können Stresspunkte Arthrose vortäuschen, da der Hund, wie bei einer Arthrose, nach Ruhe oder Belastung deutlich steifer geht.

Ihr Hund kann beim Aufsuchen von Stresspunkten stehen, sitzen oder liegen. Die Behandlung selbst erfolgt dann ausschließlich im Liegen am entspannten Muskel. Zunächst sollten Sie beide Seiten des Hundekörpers mit der flachen Hand langsam abstreichen und Wärmezonen, Schwellungen oder Dellen in der Muskulatur ausschließen. Andernfalls ist ein Tierarzt zu konsultieren, bevor Sie mit der Stresspunktmassage beginnen. Strukturveränderungen lassen sich am besten durch Streichen über das Gewebe mit flachen Fingern beziehungsweise Fingerbeeren und wenig Druck ertasten. Manche Stresspunkte bauen sehr schnell eine Verquellung auf, wie beim gezahnten Muskel am hinteren Schulterblattrand. Oder Sie spüren eine straffe Linie, häufig beim Trapezmuskel im Bereich zwischen der Schulter und den Dornfortsätzen der vorderen Brustwirbel zu finden. Auf die Stresspunktlage und die tastbaren Knochenpunkte zur Orientierung bei der Stresspunktsuche wird im Späteren noch ausführlich eingegangen.

Stresspunkte sind druckempfindliche Punkte, die im Bereich der Stresspunktzonen liegen und deren Schmerzen durch wiederholten Druck reproduzierbar sind. Manchmal ist ein Zittern der Haut wahrnehmbar. Haben Sie einen Stresspunkt gefunden und therapiert, sollte sich nach der Behandlung die Schmerzempfindlichkeit des Strespunktes verbessert haben. Drücken Sie nicht zu fest auf den zu untersuchenden Bereich, denn das könnte zu falsch positiven Befunden führen. Beobachten Sie Ihren Hund genau, während Sie die Zonen nach Stresspunkten abtasten. Es genügt bereits eine kleine Reaktion, meist schon erkennbar an der

Mimik des Hundes. Näheres erfahren Sie unter dem Abschnitt „Stressgesicht" (S. 38). Haben Sie einen Stresspunkt gefunden, kann Ihr Hund außerdem der Berührung ausweichen wollen oder sogar heftige Abwehrreaktionen zeigen. Seien Sie also vorsichtig mit der Druckstärke. Ihr Hund sollte auf gar keinen Fall einen Schmerzlaut von sich geben. Es ist hilfreich, den Hund auf beiden Seiten von vorne nach hinten entlang der Stresspunktzonen nach schmerzhaften Punkten beziehungsweise Arealen abzutasten. So lassen sich frühzeitig überlastete Strukturen erkennen und therapieren. Die Stresspunkte werden mit punktuell tiefgehender Reibung quer zum Muskelfaserverlauf (Querfriktion) mit Daumen oder Zeigefinger behandelt, gegebenenfalls zusätzlich unterstützt durch den Mittelfinger. Im Abschnitt „Behandlungstechnik von Stresspunkten" (s. S. 54) finden Sie eine ausführliche Beschreibung der tiefgehenden Reibungen.

Erkennen eines Stresspunkts

Typische Schmerzmuster der einzelnen Muskelpartien (siehe Praxisteil)
Steifigkeit nach Ruhe oder Belastung (Arthrose ausschließen!)
Schmerz- und Bewegungseinschränkung nach Belastung
Geringere Dehnbarkeit der Muskulatur
Schnelle Ermüdung der Muskulatur
Reproduzierbarer Schmerz bei leichtem Druck auf den Stresspunkt
Mögliches Hautzittern bei Berührung des Stresspunkts
Teilweise tastbare Verhärtungen (Muskelhartspann)
Teilweise tastbare Verquellungen um den Stresspunkt herum
Verbesserung der Schmerzempfindlichkeit nach Behandlung

5. Faszien

Das dreidimensionale Netzwerk

Muskeln und Faszien sind fast untrennbar miteinander verbunden. Daher können sich auch Muskelverspannungen auf Faszien übertragen und umgekehrt. Zudem sind Faszien durchzogen von zahlreichen Nervenfasern und Nervenenden und damit Entstehungsort für Schmerzen. Es versteht sich von selbst, dass Faszien immer in eine Behandlung mit einbezogen werden müssen.

Wie ein dreidimensionales Netzwerk erstreckt sich das weiß-fasrige Gewebe von der Haut bis in die Zellen durch den ganzen Körper. Die Faszien umschließen, durchziehen, trennen und verbinden zugleich alles miteinander. Diese netzartige Struktur lässt sich gut anhand einer Mandarine veranschaulichen, deren Fruchtfleisch durch die weißen Häutchen in einzelne Stücke unterteilt und gleichzeitig in Form gehalten wird.

Wegen ihrer komplexen Aufgaben und Funktionen werden Faszien inzwischen von einigen Forschern als das größte Sinnesorgan des Körpers bezeichnet. Sie unterstützen die Immunabwehr, fördern die Wundheilung, sind für die Körperwahrnehmung von Bedeutung, übertragen die von der Muskulatur erzeugte Kraft und können sie auch speichern.

Das alles miteinander verbindende Gewebe dämpft von außen einwirkende Kräfte und hält so alles in Form und am Platz. Wie das funktioniert, kann anschaulich an einem Modell aus der Architektur, dem Tensegritätsmodell, erklärt werden. Es besteht aus festen Elementen (Stäbe), die sich untereinander nicht berühren, da sie zwischen elastischen Strukturen (Gummibänder) gespannt sind und sich selbst über Zugspannung stabilisieren. Trifft eine äußere Kraft auf das Modell, verformt es sich zwar, kann aber wegen der auf

Netzartige Struktur der Trennhäutchen einer Mandarine

Spannung stehenden, aber doch elastischen Gummibänder wieder in die Ausgangsposition zurückkehren. Dieses Prinzip ist vergleichbar mit unserem Körper. Faszien, die eine physiologische Spannung besitzen, halten, wie die Gummibänder im Modell, die festen Strukturen, beispielsweise Knochen, in Position. Wenn nun eine Kraft von außen auf den Körper trifft (zum Beispiel bei einem Sturz), dann fangen die Faszien diese Kraft auf und absorbieren einen Großteil. Die Strukturen passen sich kurzzeitig den Einflüssen an, kommen dann aber wieder in die physiologische Ausgangsstellung zurück. Wenn Faszien verspannt und weniger elastisch sind, können sie sich äußeren Faktoren nicht genügend anpassen – das bedeutet, die ganze Kraft lastet auf den festen Strukturen und Verletzungen wie beispielsweise Knochenbrüche oder Bänderrisse können die Folge sein.

Kommen wir auf das Modell zurück. Wenn nun ein Gummiband verkürzt ist, hat das neben der geringeren Anpassungsfähigkeit auf äußere Faktoren noch weitere Auswirkungen: Die anderen Gummibänder müssen sich anpassen, wodurch sie stärker gespannt werden und die festen Elemente mit sich ziehen. Das Modell verformt sich. Auf den Körper übertragen bedeutet das, wenn sich eine Faszie verspannt und verkürzt, zieht sie an den anderen Faszien und damit indirekt an allen mit ihnen verbundenen Strukturen. Es kommt zu Fehlhaltungen. Die festen Strukturen, zum Beispiel die Knochen, nehmen eine veränderte Position an und Gelenke können arthrotisch werden.

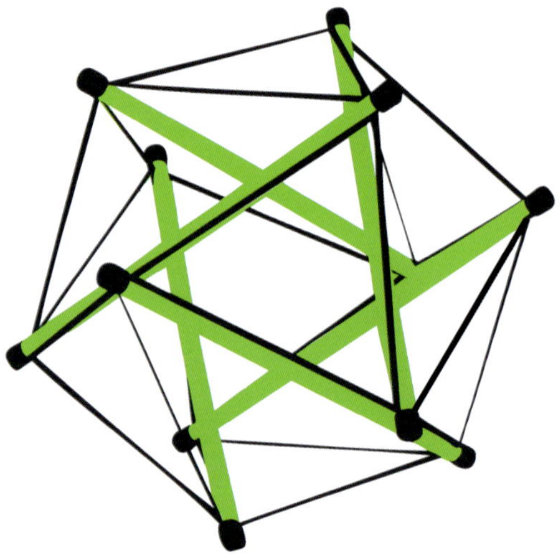

Tensegritätsmodell: Feste Strukturen (grün) werden von Gummibändern (schwarz) in Position gehalten.

Faszienaufbau

Faszien bestehen hauptsächlich aus Wasser und zwei Proteinen, Kollagen und Elastin. Der Hauptzellentyp der Faszien sind sogenannte Fibroblasten, die für den Auf- und Umbau der Komponenten sorgen. Die anteilige Zusammensetzung einer Faszie variiert entsprechend ihrer Funktion. So ist sie mit einem hohen Kollagenanteil zugfest und stabil. Ein Zuviel an Kollagen wirkt sich jedoch negativ aus. Insbesondere durch einseitige oder mangelnde Bewegung wuchert die bindegewebige Struktur und es kommt zu einer Überproduktion an Kollagen. Bewegung sorgt also dafür, dass eine übermäßige Kollagenbildung vermieden wird. Während gesunde Faszien eine scheren-gitterartige Struktur der Kollagenfasern aufweisen, sehen verklebte Faszien eher wie ein ungeordnetes Wollknäuel aus. Die Kollagenfasern können dabei regelrecht versteifen, was zwangsläufig zu Bewegungseinschränkungen führt. Faszien werden nicht nur durch Bewegung, sondern auch durch Dehnung positiv beeinflusst, da sich die Fibroblasten um ein Vielfaches mit ausdehnen und dadurch Botenstoffe aussenden, die das Gewebe entspannen lassen. Im Praxisteil finden Sie zusätzlich fasziale Dehngriffe. Mit diesen sanften Techniken wird die Faszie auf leichten Zug gebracht und die Position gehalten, bis sich das Gewebe entspannt. Bei Tumorerkrankungen, Hautinfektionen, frischen Verletzungen oder Entzündungen, Schwellungen, Fieber und Blutgerinnungsstörungen muss auf diese Faszienbehandlung verzichtet werden. Hat der Hund Osteoporose oder Bandscheibenschäden oder ist eine Hündin trächtig, darf eine Behandlung nur durch einen Therapeuten erfolgen.

Faszien schützen die einzelnen Körpergewebe, indem sie sie umhüllen und sorgen gleichzeitig dafür, dass alles reibungslos gegeneinander gleiten kann. Die von den Fibroblasten gebildete Hyaluronsäure, die auch als Bestandteil der Gelenkflüssigkeit bekannt ist, ist ebenfalls Schmiermittel der Faszien, das die einzelnen Schichten gleiten lässt. Ihre Fließeigenschaften werden sowohl von der Beanspruchung als auch von der Flüssigkeitszufuhr beeinflusst. Bei Bewegungsmangel und wenn der Hund zu wenig trinkt nimmt die Viskosität zu und Faszien können schlechter gleiten. Nimmt die Gleitfähigkeit ab, sind Funktionseinschränkungen in der Bewegung die zwangsläufige Folge. Emotionaler Stress ist ein weiterer Faktor, der zu erhöhter Faszienspannung führt. Stress sendet entsprechende Botenstoffe aus, sodass die Faszie sich unabhängig von Muskel- und Nervenreizen zusammenzieht. Sie kann derart versteifen, dass sie Muskeln und Nerven regelrecht einklemmt, was zu starken Schmerzen führt.

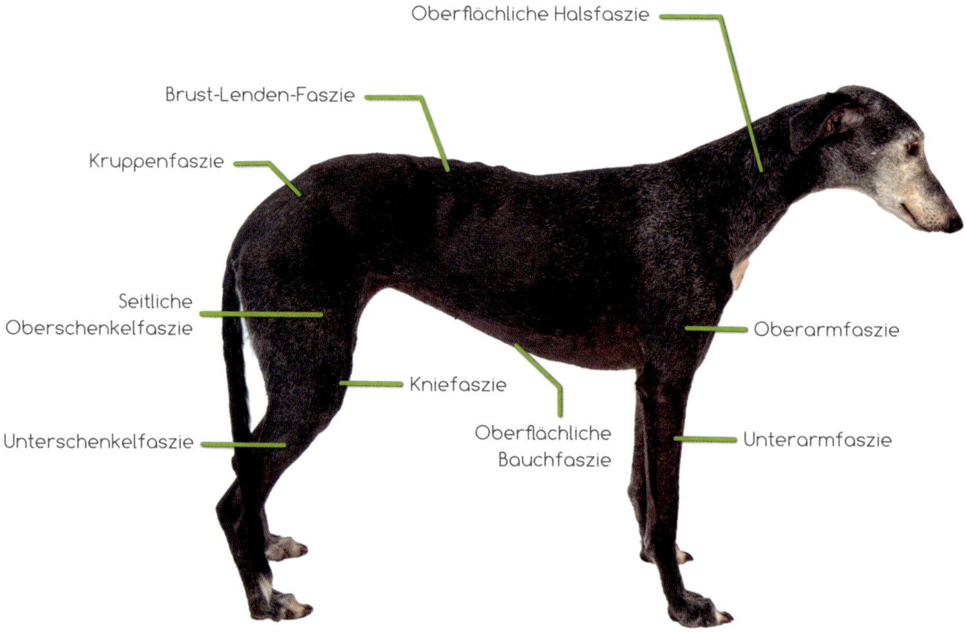

Anatomische Lage einzelner Faszien

Info

Faszien durchziehen den Körper von der Haut bis zur Zelle. Aufgrund der Faszien, einem alles miteinander verbindenden Gewebe, sind alle Körperstrukturen Teil eines Systems. Anschaulich dargestellt wird das mit Hilfe eines Modells aus der Architektur, dem Tensegritätsmodell. Muskeln und Faszien lassen sich kaum voneinander trennen. So können sich Verspannungen von dem einen Gewebe auf das andere übertragen. Versteifte Faszien führen nicht nur zu eingeschränkter Bewegung, sondern auch zu Schmerzen durch eingeklemmte Nerven, die in großer Zahl in den Faszien angesiedelt sind. Erhöhte Faszienspannung wird durch Bewegungsmangel, geringe Flüssigkeitszufuhr und Stress verursacht.

6. Allgemeine Grundlagen der Stresspunktbehandlung

Mit den Händen sehen lernen

Zur Orientierung der Stresspunktlage helfen tastbare Knochenpunkte, auf die im nächsten Abschnitt eingegangen wird. Um aber feste Strukturen fühlen zu können, spielt die Sensibilität unserer Finger eine große Rolle. Es ist ebenfalls wichtig, Entzündungen (warme Körperareale) oder Muskeldellen zu spüren, da in dem Fall auf eine Stresspunktbehandlung in den Bereichen verzichtet werden muss. Ihr Tastsinn sollte so fein sein, dass Sie Strukturveränderung wie Verquellungen oder lokal abgrenzbare Muskelverhärtungen wahrnehmen können.

Als eine Übung vorab können Sie Ihr Gefühl in den Fingern verbessern, indem Sie ein Reiskorn zwischen zwei Seiten in eine Buchmitte legen und dann Seite für Seite umblättern, um irgendwann das Korn durch das Papier unter Ihren Fingern zu spüren. Mit der Zeit werden Sie immer schneller zum Erfolg kommen. Um sich besser konzentrieren zu können, schließen Sie während der Übung die Augen. Ein Gespür für die Druckstärke, die sowohl für die Stresspunktsuche als auch die Stresspunktbehandlung von Bedeutung ist, lässt sich leicht mit einer Küchenwaage bestimmen. Hierzu pressen Sie einzelne Finger auf die Waage und lesen direkt die Stärke ab. Sie werden überrascht sein, wie viel Druck Sie anwenden, obwohl Ihnen Ihr Empfinden etwas anderes sagt.

Ebenso können Sie direkt an sich spüren, zum Beispiel am Oberschenkel, wie viel Druck Sie ausüben und wie es sich anfühlt, wenn Sie mehr oder weniger Kraft aufwenden.

Tastbare Knochenpunkte

Tastbare Knochenpunkte erleichtern uns die Orientierung am Hundekörper und damit das Auffinden von Stresspunkten, auf deren Lage im Praxisteil noch genauer eingegangen wird. Daher ist es hilfreich, zuerst die markanten Punkte am Skelett sicher fühlen können, um dann zur Stresspunktmassage überzugehen. Es sind nur die tastbaren Knochenpunkte aufgeführt, die für die Suche nach Stresspunkten relevant sind. Lassen Sie sich durch die rassetypischen Unterschiede im Körperbau nicht irritieren. Auch wenn sich der Geschwindigkeits- und Krafttyp zum Beispiel in der Rückenlinie und in der Becken- und Brustform unterscheiden, sind die Knochenpunkte bei allen Hunden zu fühlen. Die wichtigsten lateinischen oder griechischen Fachbegriffe stehen in Klammern hinter den deutschen Bezeichnungen.

Für die Stresspunkte der Kopfbeweger und teilweise auch für den Schulter-Hals-Muskel müssen Sie den ersten Halswirbel (Atlas) aufsuchen. Fahren Sie vom Hinterhauptstachel, das ist ein stark ausgeprägter Knochen am Hinterkopf, links und rechts die Kante am Hinterkopf entlang. Unmittelbar am Übergang zum Nacken fühlen Sie seitlich jeweils einen prominenten Knochen, das sind die Flügel des ersten Halswirbels. Zwischen dem Schädelknochen, unmittelbar am Übergang zum Nacken und dem Vorderrand der Atlasflügel, liegt die Hinterhauptgrube, auf die zur Entspannung der Nackenmuskulatur noch im Praxisteil näher eingegangen wird. Um Stresspunkte entlang des Arm-Kopf-Muskels zu finden, müssen Sie die Querfortsätze (Processus transversi) ab dem dritten Halswirbel ertasten. Sie sind gut ausgeprägt und daher leicht unter den Fingern zu spüren. Gehen Sie mit den Fingerspitzen von unten an den Hals heran und suchen Sie seitlich im Bereich der Drosselrinne (hier steht oftmals das Fell am Hals hoch) nach einer härteren Struktur. Das sind die Querfortsätze. Zwischen ihnen fühlen Sie jeweils eine kleine Kuhle, hier können einige der Stresspunkte des Arm-Kopf-Muskels liegen.

Tastbare Knochenpunkte am Kopf und der Halswirbelsäule

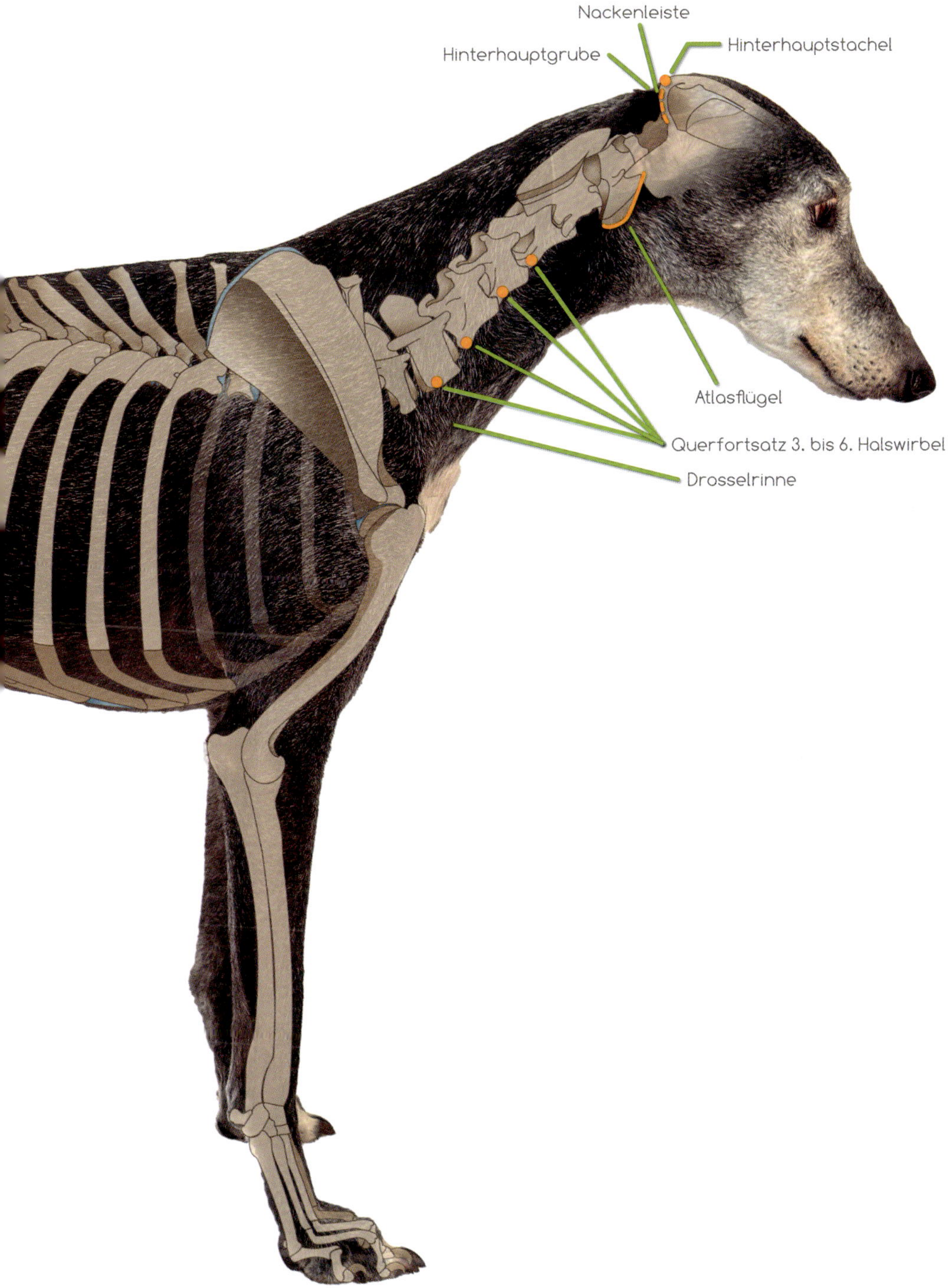

Viele Muskeln stehen mit dem Schulterblatt (Scapula) in Verbindung, daher sollten Sie die tastbaren Knochenpunkte hier sicher auffinden können. Das dreieckige Schulterblatt ist durch die Schulterblattgräte (Spina scapulae) in Längsrichtung geteilt, die sich als gut fühlbare lineare Erhebung oder als Einziehung (bei stark bemuskelten Hunden) zeigt. Stresspunkte des Ober- beziehungsweise Untergrätenmuskels befinden sich neben der Spina. Aus dem Ende der Schulterblattgräte geht ein gut zu ertastender Knochenvorsprung hervor, das Gräteneck (Acromion), an dem der Schulter-Hals-Muskel ansetzt und dort Stresspunkte entwickeln kann. Unterhalb des Acromions befindet sich das Schultergelenk, auf dessen Höhe im Arm-Kopf-Muskel der Schlüsselbeinstreifen (Klavikularstreifen) liegt. Er ist Ursprung und Ansatz von Muskelanteilen des Arm-Kopf-Muskels und somit auch Lage von Stresspunkten.

Gleiten Sie die Schulterblattgräte entlang nach oben, kommen Sie am oberen Schulterblattrand an. Zwischen dem oberen Schulterblattrand und den Brustwirbeln können sich Stresspunkte des Trapezmuskels bilden. Am hinteren Schulterblattwinkel treffen der obere und hintere Schulterblattrand zusammen. Direkt unterhalb des hinteren Winkels fühlen Sie eine Kuhle, von der aus Sie etwas unter dem Schulterblatt den gezahnten Muskel erreichen können. Verfolgen Sie den Rand bis nach unten, erreichen Sie eine Einziehung, den Kreuzungspunkt unter anderem vom langen und seitlichen Kopf des dreiköpfigen Oberarmmuskels. Hier wird der Daumen zur Überprüfung eines möglichen Stresspunkts hineingelegt, während die Finger seitlich am Oberarm (Humerus) anliegen, und zwar am prominenten Knochenvorsprung (Tuberculum majus humeri), der unterhalb des Gräteneck etwas seitlich und nach vorne gerichtet liegt. Dem Oberarm schließt sich der Unterarm mit Elle (Ulna) und Speiche (Radius) an. Das Ende der Elle ist deutlich verdickt und wird als Ellenbogenhöcker (Tuber olecrani) bezeichnet, an dem alle Köpfe des dreiköpfigen Oberarmmuskels ansetzen. Das Handwurzelgelenk (Articulatio carpi) oder auch Karpal- beziehungsweise Handgelenk genannt, liegt zwischen dem Unterarm und den Mittelhandknochen (Ossa metacarpi).

Beim Hund ist die Vordergliedmaße nur über Muskulatur am Rumpf aufgehängt. Daher ist das Bewegungsmaß im Schulterbereich sehr groß und ermöglicht zudem eine ausgezeichnete Stoßdämpfung der Vorhand. Gleichzeitig ist das Verletzungsrisiko erhöht, da bereits circa 60 Prozent des Körpergewichts auf der Vorhand lasten und es schnell zu Überlastung der Strukturen kommen kann. Aus diesem Grund können sich unter anderem durch Sportarten mit vielen Landungen und Wendungen oder auch bei Hüte- und Fährtenhunden vermehrt vorne Stresspunkte zeigen.

Tastbare Knochenpunkte der Schultergliedmaße

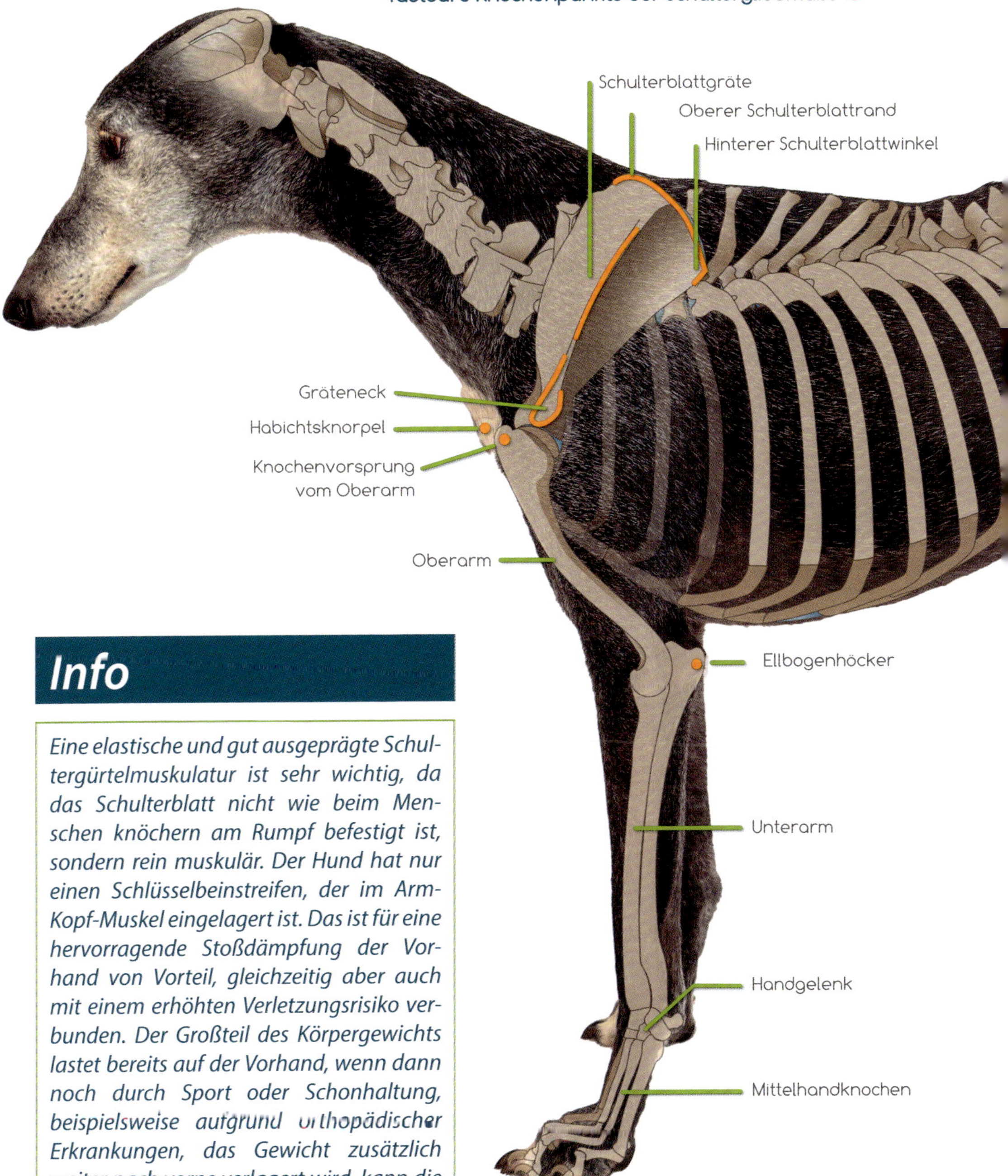

Info

Eine elastische und gut ausgeprägte Schultergürtelmuskulatur ist sehr wichtig, da das Schulterblatt nicht wie beim Menschen knöchern am Rumpf befestigt ist, sondern rein muskulär. Der Hund hat nur einen Schlüsselbeinstreifen, der im Arm-Kopf-Muskel eingelagert ist. Das ist für eine hervorragende Stoßdämpfung der Vorhand von Vorteil, gleichzeitig aber auch mit einem erhöhten Verletzungsrisiko verbunden. Der Großteil des Körpergewichts lastet bereits auf der Vorhand, wenn dann noch durch Sport oder Schonhaltung, beispielsweise aufgrund orthopädischer Erkrankungen, das Gewicht zusätzlich weiter nach vorne verlagert wird, kann die Mehrbelastung schnell zu viel werden und Stresspunkte können die Folge sein.

Weitere Stresspunkte können sich entlang der langen Rückenmuskulatur, insbesondere am Übergang zwischen dem letzten Brustwirbel und dem ersten Lendenwirbel und im hinteren Lendenwirbelbereich auf Höhe des fünften beziehungsweise sechsten Lendenwirbels entwickeln. Für den Übergang zwischen der Brust- und Lendenwirbelsäule suchen Sie die letzte Rippe (Costa) auf, indem Sie mit der flachen Hand seitlich am Brustkorb (Thorax) längs streichen und ihrem bogenförmigen Verlauf bis hoch zur Wirbelsäule folgen. Dort liegt der letzte (13.) Brustwirbel, wobei sich die gleichzählige Rippe vor dem dazugehörigen Brustwirbel befindet. Gleiten Sie hingegen von der

Tastbare Knochenpunkte des Brustkorbs sowie der Brust- und Lendenwirbel

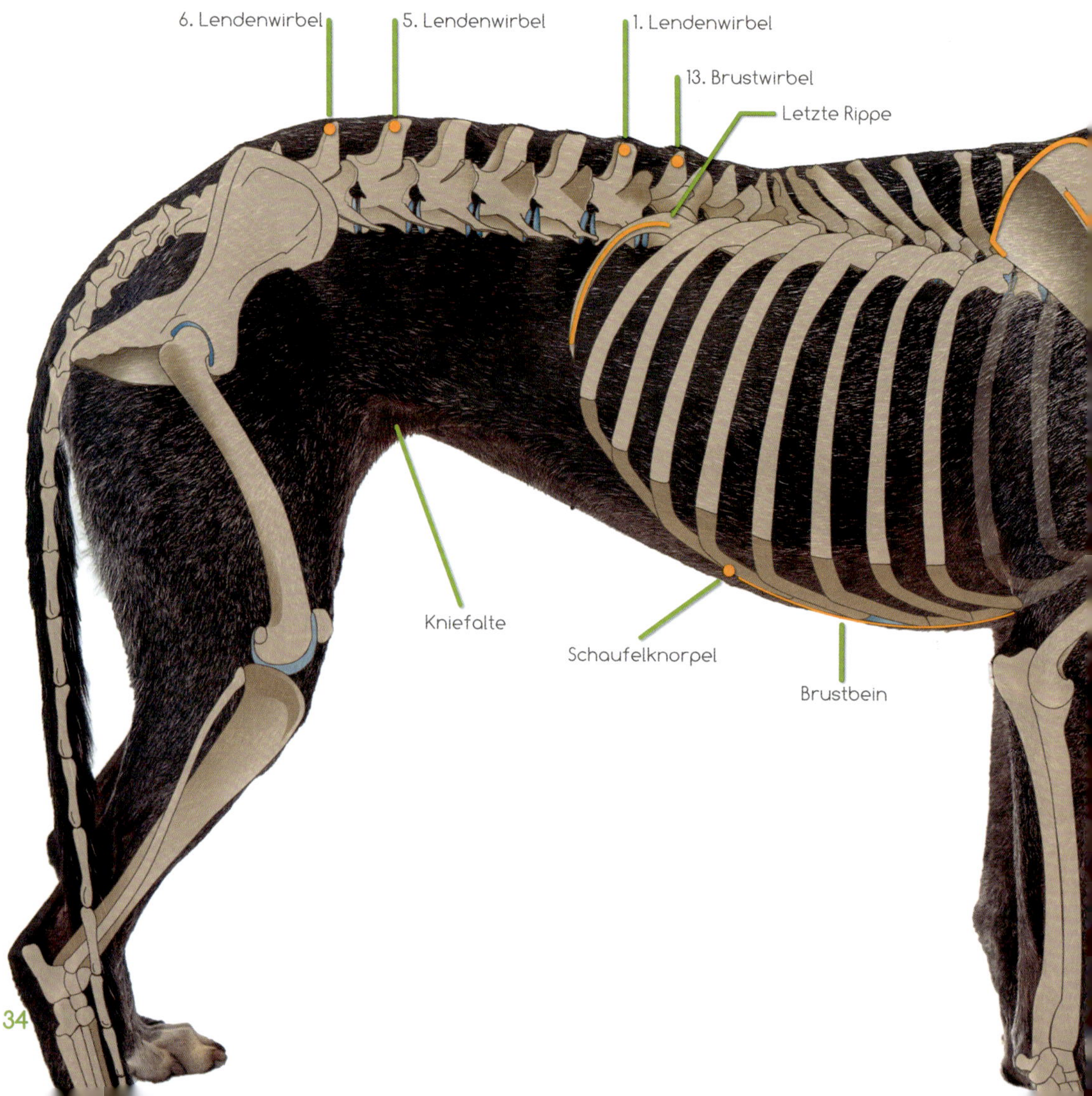

stärksten Krümmung der letzten Rippe senkrecht hoch zur Wirbelsäule, kommen Sie etwa auf der Höhe des zweiten Lendenwirbels an. Eine weitere Hilfslinie ist die Kniefalte (Hautfalte zwischen der seitlichen Bauchwand und der Hintergliedmaße), von der aus gerade hoch zur Wirbelsäule der fünfte beziehungsweise der sechste Lendenwirbel zu finden ist.

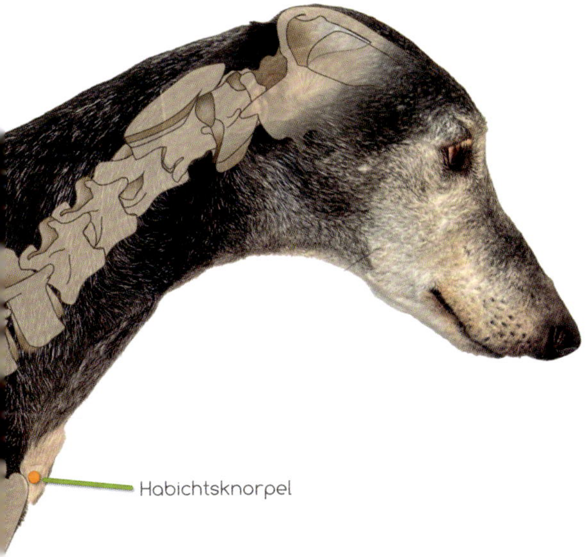

Wenn Sie mit der Hand vorsichtig über den Brustkorb streichen, nehmen Sie Erhebungen wahr, die Rippen, gefolgt von Tälern, den Zwischenrippenräumen. Hier hinein legen Sie Ihre Finger, um Stresspunkte des breiten Rückenmuskels an dessen Rand zu fühlen. Streichen Sie den Brustkorb Richtung Rute weiter entlang und folgen dann dem Rippenbogen nach unten zum Brustbein (Sternum), können Sie das Ende des Brustbeins, den Schaufelknorpel (Cartilago xiphoidea) fühlen. Beide Rippenbögen bilden durch ihren Ansatz am Brustbein einen Winkel, der bei der Handanlage zur Entspannung der Bauchfaszie später noch eine Rolle spielen wird. Vom Brustbein bis zum Oberarm (Humerus) verlaufen die Brustmuskeln. Sie tragen unter anderem den Rumpf und sind deshalb oft von Verspannungen respektive Stresspunkten betroffen. Das Brustbein, in seiner ganzen Länge gut tastbar, hat vorne einen knorpeligen Anteil, den sogenannten Habichtsknorpel (Cartilago manubrii), der an der Halsbasis zu fühlen ist und in dessen Nähe sich die oberen Stresspunkte der Brustmuskulatur auffinden lassen.

Für die im Praxisteil aufgeführten Stresspunkte einiger Hinterhandmuskeln sind die tastbaren Knochenpunkte der Hüftbeine (Ossa coxae) entscheidend. Die Hüftbeine setzen sich aus drei Knochen, dem Darmbein (Os ilium), Sitzbein (Os ischii) und Schambein (Os pubis) zusammen. Das Darmbein hat zwei gut fühlbare Knochenpunkte, den Kreuzbeinhöcker (Tuber sacrale) und den Hüfthöcker (Tuber coxae). Zur Orientierung suchen Sie die höchste Stelle der Kruppe (entspricht unserem Gesäß). Seitlich davon befinden sich zwei prominente Knochenpunkte, die Kreuzbeinhöcker. Wenn Sie von da aus ein kleines Stück hinunter gleiten, befinden sich Ihre Finger auf der Darmbeinschaufel (Ala ossis ilii). Auf und um den Bereich der Darmbeinschaufel und in Richtung Großer Rollhügel (Trochanter major), der seitlich am oberen Ende des Oberschenkels (Femoris) gut tastbar ist, können sich mehrere Stresspunkte des mittleren Kruppenmuskels bilden. Am vorderen Rand der Darmbeinschaufel entlang nach unten schließt sich der Hüfthöcker an. Durch Druck von unten gegen den Hüfthöcker lassen sich Stresspunkte des Oberschenkelspanners aufspüren. Der hintere Bereich des Darmbeins geht in das Sitzbein über, an dessen Sitzbeinhöcker (Tuber ischiadicum) die langen Sitzbeinmuskeln entspringen. Sie finden die Höcker etwas seitlich links und rechts vom Rutenansatz.

Durch eine gelenkige Verbindung der Darmbeine mit dem Kreuzbein (Os sacrum), dem sogenannten Kreuzdarmbeingelenk (Iliosacralgelenk), ist die Hinterhand knöchern mit dem Rumpf verbunden und ermöglicht so einen kräftigen Schub nach vorne. Der Übergang vom letzten Lendenwirbel zum ersten Kreuzwirbel beziehungsweise zum Kreuzbein (Os sacrum) ist schnell gefunden: Fahren Sie mit Ihrem Finger ohne Druck oben auf dem Rücken Richtung Rute entlang und fühlen die einzelnen Dornfortsätze der Wirbel (feste Strukturen) jeweils gefolgt von Zwischenräumen (kleine Kuhlen). Ungefähr an der höchsten Stelle der Kruppe spüren Sie eine deutliche Vertiefung, den Zwischenraum zwischen Lendenwirbelsäule und Kreuzbein (Spatium lumbosacrale). Von der Kreuzbeinspitze zum Sitzbeinhöcker verläuft ein Band, das sogenannte Ligamentum sacrotuberale, das einigen kräftigen Muskeln als Ursprung dient, wie beispielsweise dem oberflächlichen Kruppenmuskel. Da sich Verspannungen der dort entspringenden Muskulatur auf das Band übertragen können und umgekehrt, wird auf eine Entspannungstechnik des Beckenbandes später noch eingegangen. Zwischen den Hintergliedmaßen, ungefähr gegenüber des Kreuzbeins, liegt die Schambeinfuge (Symphysis pubica), die untere Verbindung beider Hüftbeine. Sie ist für Laien nicht einfach zu fühlen, aber für die später noch beschriebene Entspannungstechnik der Bauchfaszie genügt es, ungefähr zu wissen, wo sich die Schambeinfuge befindet.

Der Unterschenkel setzt sich aus Schienbein (Tibia) und Wadenbein (Fibula) zusammen. Es folgt das Sprunggelenk oder auch Hinterfußwurzelgelenk (Articulatio tarsi), das aus mehreren Knochenreihen besteht und als größten Knochen das Fersenbein (Calcaneus) mit seinem kräftigen Knochenfortsatz, dem Fersenbeinhöcker (Tuber calcanei), hat.

Tastbare Knochenpunkte der Beckengliedmaße

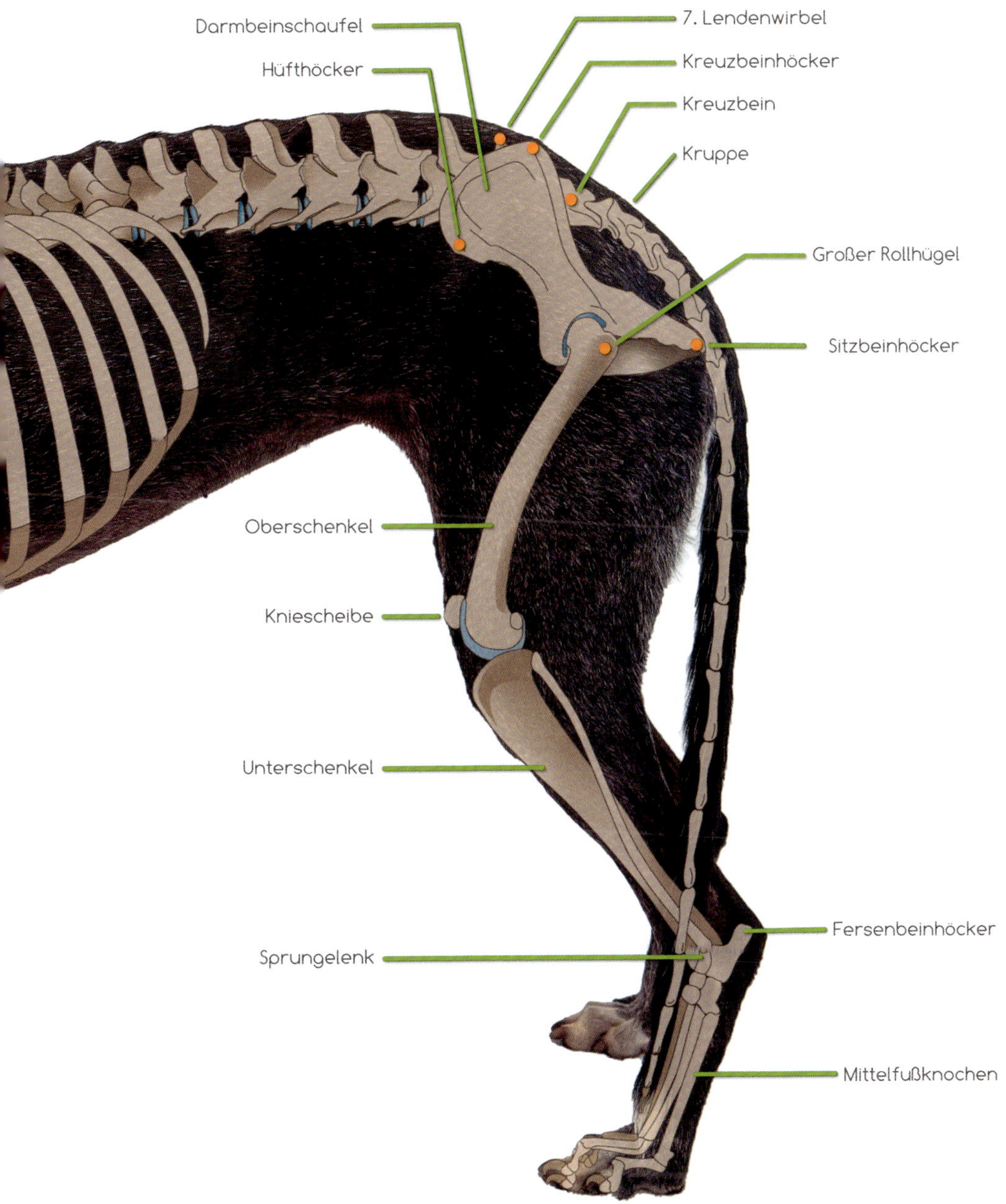

Das Stressgesicht

Beim Abtasten des Hundekörpers nach Stresspunkten und bei der Stresspunktmassage genügt bereits eine kleine Reaktion der Anspannung, die sich in der Mimik des Hundes äußert. Sind Hunde angespannt oder gestresst, zeigen sie ein sogenanntes Stressgesicht und es ist wichtig, dies auch zu erkennen. Schaut Ihr Hund Sie mit großen Augen an (es ist viel Weiß im Auge zu sehen), ist die Mundspalte langgezogen, gegebenenfalls mit Faltenbildung im Mundwinkel, wird der Kopf nicht entspannt abgelegt oder werden die Ohren nach hinten gehalten, sind das Zeichen der Anspannung. Auch ein geschlossener Mund mit kurzer Mundspalte und eventuell nach unten zeigendem Mundwinkel, angehobene Augenbrauen und eine straffe Kopfdecke, schneller flacher Atem oder Hecheln weisen ebenfalls auf Stress hin. Es gibt noch eine Vielzahl weiterer Signale der Anspannung, beispielsweise Lefzenlecken, Gähnen und Schmatzen. Natürlich kann Ihr Hund auch genüsslich schmatzen, wenn er die Behandlung genießt. Um das zu erkennen, sollte er immer in seiner Gesamtheit betrachten werden.

Beobachten Sie daher die Körpersprache Ihres Hundes während des Abtastens und der Stresspunktmassage. Beginnen Sie mit wenig Druck und steigern Sie gegebenenfalls die Druckstärke langsam. Ist ein Bereich besonders schmerzhaft, gehen Sie in eine andere Region über und kehren nach einiger Zeit mit geringerem Druck vorsichtig an die schmerzhafte Stelle zurück oder versuchen es an einem anderen Tag erneut. Unabhängig vom Stressgesicht reagiert Ihr Hund eindeutig mit Abwehr, wenn Sie während der Strespunktsuche oder -behandlung vermehrte Muskelspannung unter Ihren Fingern spüren, er aufsteht, knurrt, die Zähne fletscht oder sogar beißt. Unter Abwehrhaltung darf ein Hund niemals behandelt werden.

Positive Reaktionen, die auf ein Wohlempfinden hindeuten, sind, wenn Ihr Hund mit halb oder ganz geschlossenen Augen und entspannten Gesichtszügen locker auf der Matte oder Decke liegt und tief und ruhig atmet. Schnauft und brummt er zufrieden und spüren Sie, wie die Muskelspannung unter Ihrer Hand nachlässt, sind Sie ganz sicher auf dem richtigen Weg.

Zeichen für Anspannung und Stressgesicht

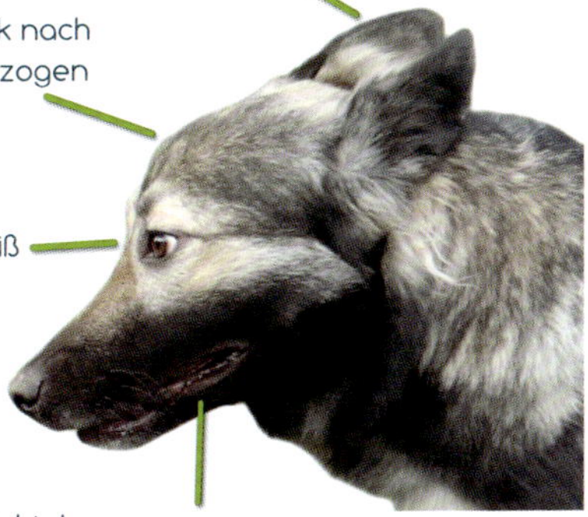

Was bei einer Stresspunktbehandlung zu beachten ist

Für eine Behandlung braucht es immer Ruhe. Damit ist nicht nur ein ruhiger Platz gemeint, an dem Sie konzentriert und ungestört arbeiten können. Genauso wichtig ist die eigene innere Ruhe. Gestresst, vielleicht noch unter Zeitdruck stehend, ist kein guter Moment für eine Stresspunkttherapie. Wie Sie, so muss natürlich auch Ihr Hund mental ruhig sein.

Gerade am Anfang kann es sein, dass sich der Hund instinktiv auf den Rücken rollt und Ihnen seinen Bauch zudreht. Haben Sie Geduld und beginnen Sie mit den Bereichen, die Sie ohne Zwang erreichen können. Ihr Hund wird mit der Zeit verstehen, was Sie von ihm wollen. Ein junger Hund hat meist Schwierigkeiten, sich für längere Zeit zu konzentrieren. Da kann es schon mal herausfordernd sein, ihn zu behandeln. Seien Sie geduldig und halten Sie die Einheiten anfänglich kurz. Ihr Hund sollte sich immer vor der Stresspunktmassage gelöst haben und nicht in Erwartung des Fressens sein. Direkt vor der Fütterungszeit oder mit voller Blase wird er sich nicht entspannt hinlegen wollen. Nach der Fütterung müssen Sie eine, besser zwei Stunden warten, bevor Sie mit der Behandlung beginnen. Legen Sie Ihren Hund auf eine weiche Unterlage auf die Seite und nehmen Sie selbst auch eine entspannte Haltung ein. Das Fell sollte trocken und sauber sein, um nicht Schmutz in die Hautschichten zu reiben, Schmerzen hervorzurufen und gegebenenfalls sogar Entzündungen zu verursachen. Verwenden Sie wegen des Fells auch keine Öle oder Massagecremes und tragen Sie möglichst keine Ringe, die drücken könnten. Bei der vorbereitenden Massage (siehe nächstes Kapitel) sparen Sie Knochenpunkte aus und massieren nur die Muskelmasse, da es ansonsten zu Gefäßverletzungen kommen kann. Während der Streichungen, auf die wir gleich zu sprechen kommen, passen sich Ihre Hände den Körperkonturen Ihres Hundes an. Haben Sie kalte Hände, reiben Sie sie warm, bevor Sie den Hund anfassen. Achten Sie während der gesamten Behandlung immer auf besondere Zeichen der Anspannung bei Ihrem Hund (Stressgesicht), damit Sie den Druck, das Tempo und die Behandlungsintensität entsprechend anpassen können. Weder die allgemeine Massage noch die eigentliche Stresspunktmassage darf zu Abwehrreaktionen oder Schmerzen führen. Ist ein Bereich besonders schmerzhaft, machen Sie zunächst woanders weiter und kehren dann mit weniger Druck an die schmerzhafte Stelle zurück. Ein Stresspunkt sollte nicht länger als zwei Minuten direkt mit Reibungen behandelt werden. Hat sich der Stresspunkt nach maximal zwei Minuten noch immer nicht gelöst, kann die Behandlung nach zwei bis drei Tagen wiederholt werden. Verwenden Sie keine Massagekugeln, -stäbchen oder sonstige Gegenstände, sondern nehmen ausschließlich Ihre Finger, da Sie so wesentlich mehr Gefühl für die Druckstärke und Gewebebeschaffenheit haben. Zudem ist das Verletzungsrisiko deutlich geringer, solange Sie manuell arbeiten.

Nach der Stresspunkttherapie ist es wichtig, den gesamten Muskel noch einmal mit Streichungen und gegebenenfalls mit Knetungen zu massieren und anschließend zu dehnen. Genaue Anleitungen finden Sie in den folgenden Kapiteln und im Praxisteil.

Vermeiden Sie am Tag der Stresspunktmassage anstrengende Aktivitäten wie beispielsweise intensives Training, gehen Sie jedoch mit Ihrem Hund nach der Behandlung noch etwas spazieren. Lassen Sie ihn zusätzlich Wasser trinken, damit die Stoffwechselendprodukte besser ausgespült werden können. Geben Sie zum Anreiz etwas Dosenfutter, Hüttenkäse oder Ähnliches ins Wasser.

Zu guter Letzt gönnen Sie Ihrem Hund nach dem kurzem Spaziergang Ruhe und Entspannung, damit der Körper Zeit hat, sich zu erholen. Es kann nach einer Stresspunkttherapie zur Erstverschlimmerung kommen. Machen Sie in der Zeit kurze und langsame Spaziergänge. Beachten Sie immer die Kontraindikationen und fragen im Zweifel Ihren Tierarzt oder Hundetherapeuten.

Grundsätze der Stresspunktmassage

Ruhiger und weicher Behandlungsplatz
Innere Ruhe und Zeit
Nicht direkt vor und nach der Fütterung behandeln
Hund sollte sich vorher gelöst haben
Druckintensität an den Hund anpassen; der Hund gibt die Druckstärke vor
Auf Zeichen der Anspannung beim Hund achten
Vor und nach der Stresspunktbehandlung Streichungen und Knetungen
Keine Massagegeräte und -öle nutzen
Schmuck abnehmen
Trockenes und sauberes Fell
Maximal zwei Minuten direkte Reibung auf dem Stresspunkt
Nach zwei bis drei Tagen Wiederholung der Stresspunktmassage möglich
Keine anstrengenden Aktivitäten am Tag der Behandlung
Ruhiger Spaziergang nach der Behandlung
Zusätzliche Flüssigkeitszufuhr
Ruhe zur Erholung nach der Behandlung

Massagegriffe zur Vorbereitung einer Stresspunktbehandlung

Bevor wir in die eigentliche Stresspunktmassage einsteigen, müssen wir uns zunächst in Teilen mit der klassischen Massage beschäftigen. Da die Techniken der Stresspunktmassage sehr intensiv sind, gehen Streichungen und Knetungen der Stresspunktbehandlung voraus, um das Gewebe ausgiebig zu erwärmen. Nach der Stresspunktmassage wird der gesamte Muskel abschließend noch einmal ausgestrichen, nicht zuletzt, weil eine Behandlung immer mit Entspannung endet. Es wird mit einem langsamen und gleichmäßigen Rhythmus und leichtem bis mittlerem Druck gearbeitet. Durch mechanische Druck- und Zugbewegung auf die Muskelfaserbündel verschieben sich diese gegeneinander, die Muskulatur wird wieder locker und elastisch. Gleichzeitig wird die Blut- und Lymphzirkulation angeregt, was den Abtransport von Stoffwechselendprodukten erleichtert. Außerdem führt eine stärkere Durchblutung zu einer verbesserten Nähr- und Sauerstoffversorgung der Zellen. Zusätzlich wird eine Schmerzlinderung erreicht, indem dicke Nervenfasern stimuliert werden und somit die Schmerzweiterleitung der dünnen Nervenfasern über das Rückenmark an das Gehirn blockieren. Schmerzlinderung erfolgt damit nicht nur durch Muskelentspannung, sondern auch dadurch, dass das Signal „Schmerz" nicht an das Gehirn weitergeleitet wird. Außerdem können Organe durch ihre Verbindungen zu Hautzonen positiv beeinflusst werden. Unter einer beruhigenden Massage erfolgt meist auch eine psychische Entspannung. Eine allgemeine Massage reicht zum Lösen der Stresspunkte jedoch nicht aus. Hierfür muss mehr Energie in Form von Reibungen (Friktionen) in das Gewebe eingebracht werden. Reibungen dringen tief in das Gewebe vor und regen die Durchblutung stärker an als Streichungen und Knetungen.

Kontraindikationen

Kontraindikationen zu kennen ist wichtig, da eine Vorerkrankung oder Verletzung bereits gegen eine Massage sprechen kann und damit verbunden auch als Vorbereitung zur Stresspunktmassage nicht zur Anwendung kommen darf. Dabei muss zwischen allgemeiner und lokal begrenzter Kontraindikation unterschieden werden. Bei allgemeiner Kontraindikation darf Ihr Hund generell nicht massiert werden. Liegt lokal begrenzt eine Kontraindikation vor, ist eine Teilmassage möglich und Sie müssen nur die betroffene Körperregion aussparen. Sollten Sie unsicher sein, fragen Sie Ihren Tierarzt oder Therapeuten, ob Sie Ihren Hund massieren dürfen.

Kontraindikationen für Massage

Fieber	*Blutergüsse*
Schock	*Gefäßverschluss*
Infektionskrankheiten	*Ekzeme*
Schlechter Allgemeinzustand	*Knochenbrüche*
Abmagerung	*Schwere Organerkrankungen*
Herzschwäche	*Offene Wunden*
Krebs	*Quetschungen*
Trächtigkeit	*Gelenkinstabilität*
Bluthochdruck	*Ausgekugeltes Gelenk*
Blutungsneigung	*Verbrennungen*
Einnahme bestimmter Medikamente	*Erfrierungen*
Nach Operationen	*Muskel- und Sehnenrisse*
Künstliches Gelenk	*Entzündungen*

Streichung (Effleurage)

Jede Stresspunktbehandlung wird mit Streichungen eingeleitet und auch abgeschlossen. Dabei wird abwechselnd mit und gegen die Fellrichtung massiert. Nicht jeder Hund und auch nicht jede Fellstruktur lässt jedoch eine Massage gegen den Haarstrich zu. In diesem Fall arbeiten Sie natürlich nur in Fellrichtung. Beginnen Sie mit leichtem Druck und langsamem Rhythmus, da sanfte, langsame Streichungen beruhigen und entspannen und gleichzeitig entstauend auf Venen- und Lymphgefäße wirken.

Ihr Hund liegt auf der Seite oder befindet sich in Brust-Bauch-Lage. Starten Sie an der Kruppe und streichen Sie mit den Fingerrücken die Muskulatur am Rücken neben der Wirbelsäule bis zu den Schultern aus. Vorne angekommen streichen Sie nun mit der Handfläche den Bereich bis zur Kruppe zurück und gleiten dann wieder nach vorne. Dies wiederholen Sie mehrmals und gehen dann zu einer anderen Körperregion über.

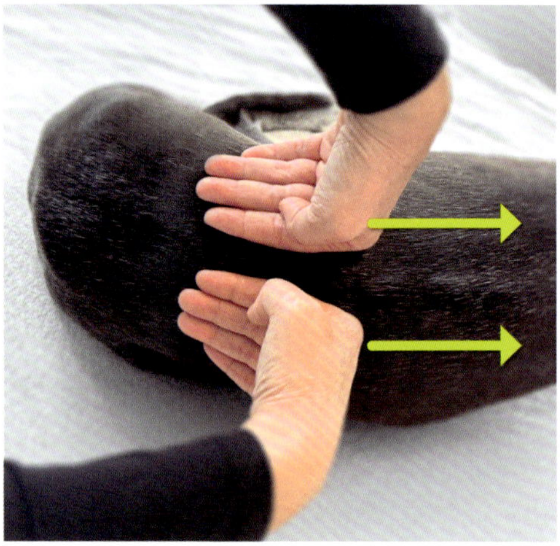

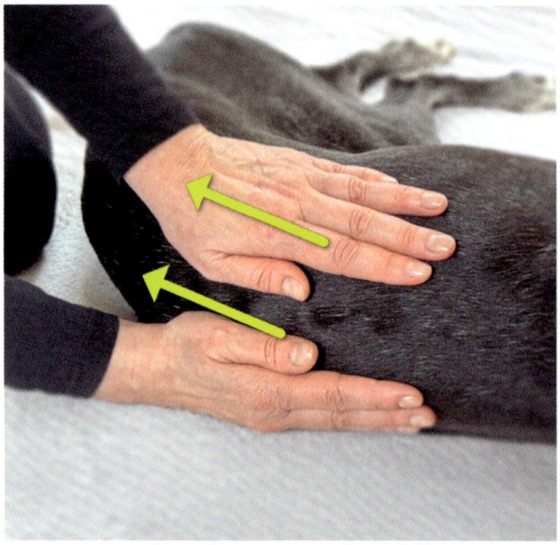

Streichungen beidseits entlang der Wirbelsäule

Wichtig

Achten Sie darauf, dass Sie keinen Druck von oben auf die Wirbel ausüben, sondern immer neben der Wirbelsäule bleiben und flächig massieren, also keinen Druck mit den Fingerknöcheln ausüben.

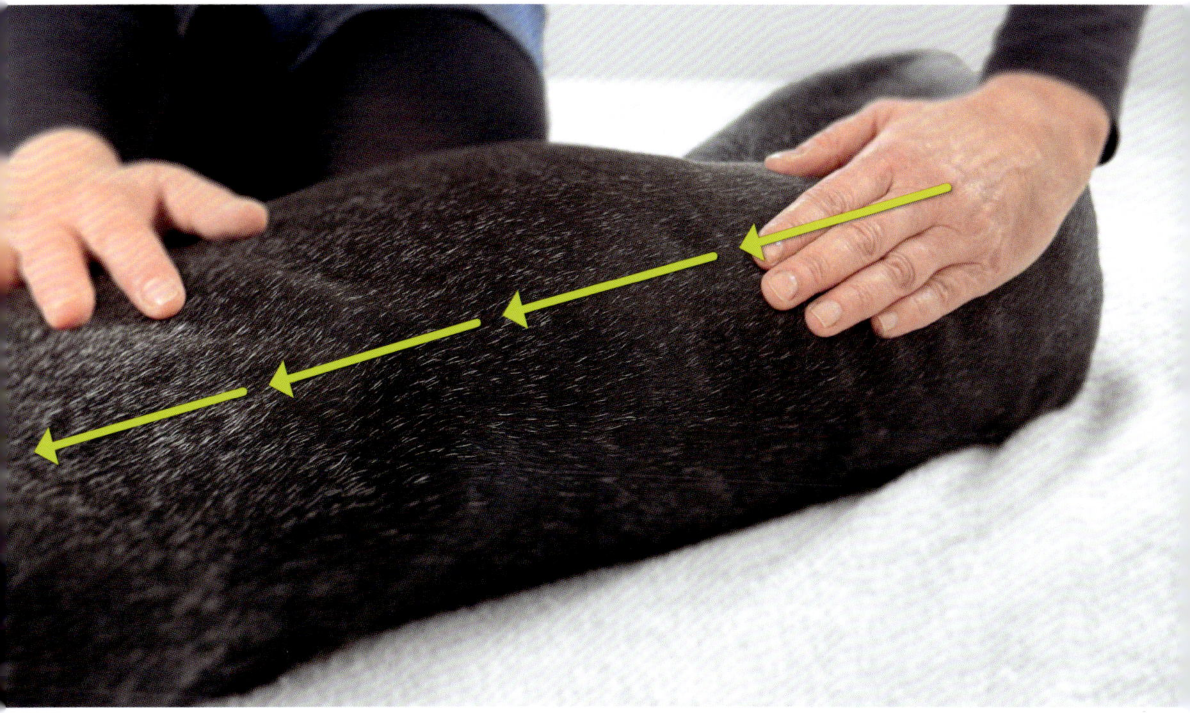

Einhandstreichung neben der Wirbelsäule auf einer Körperseite. Der kleine Finger zeigt immer zur Wirbelsäule.

Fällt es Ihnen anfangs noch schwer, beide Seiten gleichzeitig zu massieren, dann behandeln Sie die Körperseiten nacheinander mit jeweils einer Hand, während die andere locker auf dem Hundekörper ruht. Es sollten immer beide Hände Kontakt zum Tier haben. Lässt Ihr Hund eine Streichung gegen das Fell nicht zu, streichen Sie mit der Handfläche die Rückenmuskulatur von vorne nach hinten aus, setzen an der Kruppe angekommen ab und beginnen vorne erneut. Sie müssen dann die andere Hand als auf dem Foto abgebildet nehmen, sodass immer Ihr kleiner Finger seitlich an der Wirbelsäule liegt und die anderen Finger geschlossen daneben.

Sie können bei der Rückenmassage auch gleich das Becken und die Schulter mit einbeziehen.

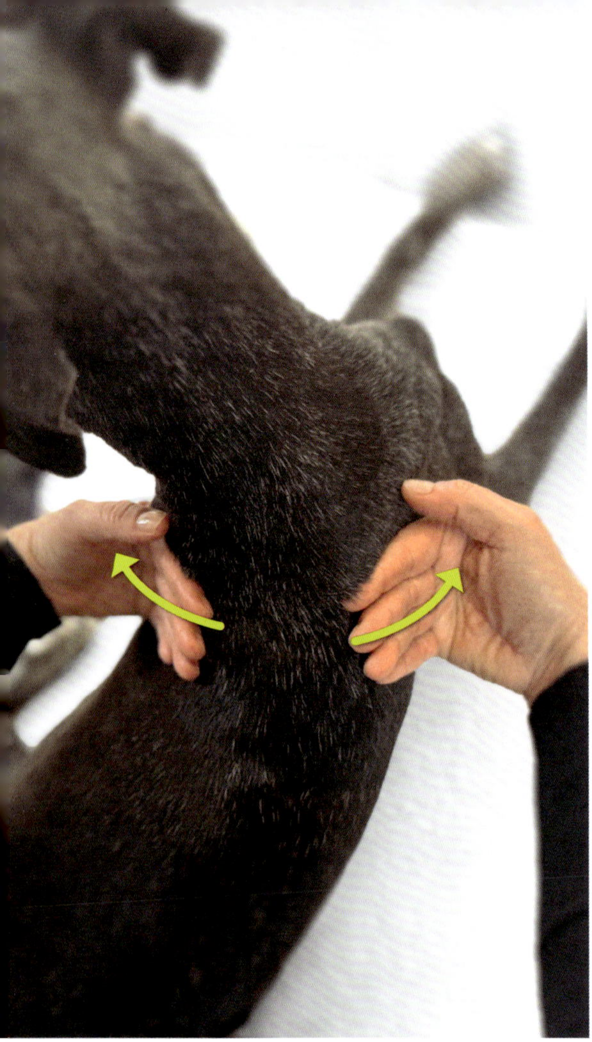

Streichung der Schulter

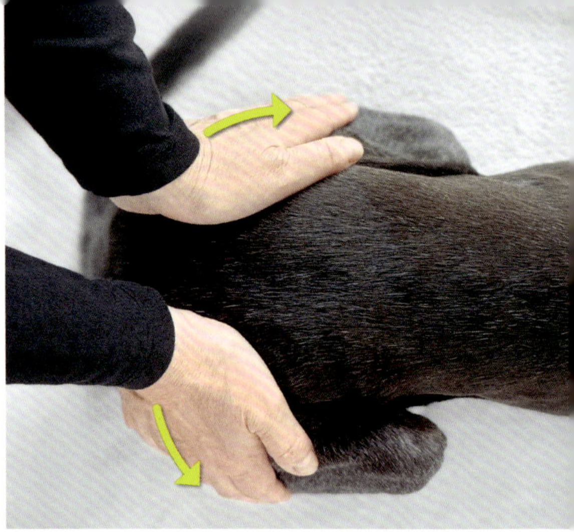

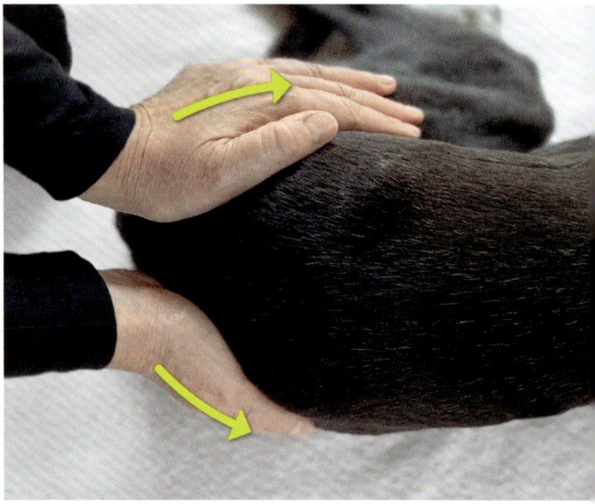

Streichung des Beckens

Die Hand-über-Hand-Streichung und auch die Querstreichung lassen sich gut am Brustkorb anwenden. Bei der Hand-über-Hand-Streichung legen Sie Ihre Hände nebeneinander flach auf den Brustkorb und beginnen mit der Hand, die der Rute am nächsten liegt und streichen nach hinten Richtung Kruppe. Sind Sie hinten angekommen, folgt die andere Hand, während gleichzeitig die erste Hand an der Rute abgehoben wird, die zweite Hand überkreuzt und wieder von vorne beginnt. Die Bewegungen sollten fließend sein und mehrfach wiederholt werden. Sie können auch den Hals mit einbeziehen. Bei großen Hunden massieren Sie erst die vordere und dann die hintere Körperregion.

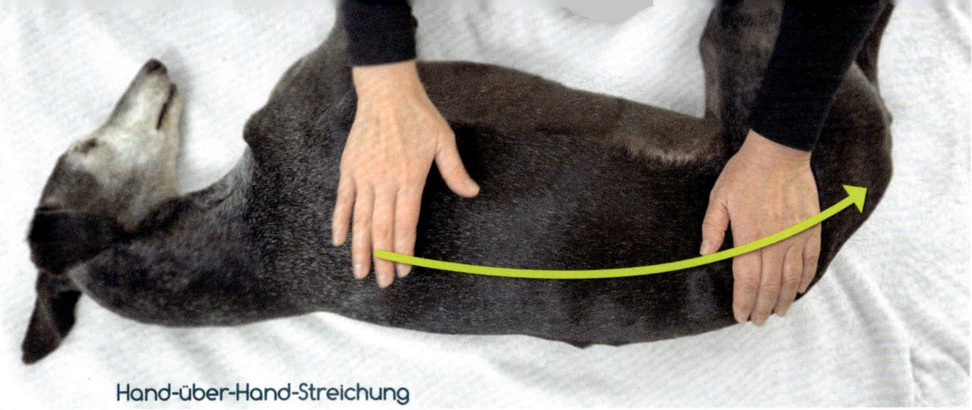

Hand-über-Hand-Streichung

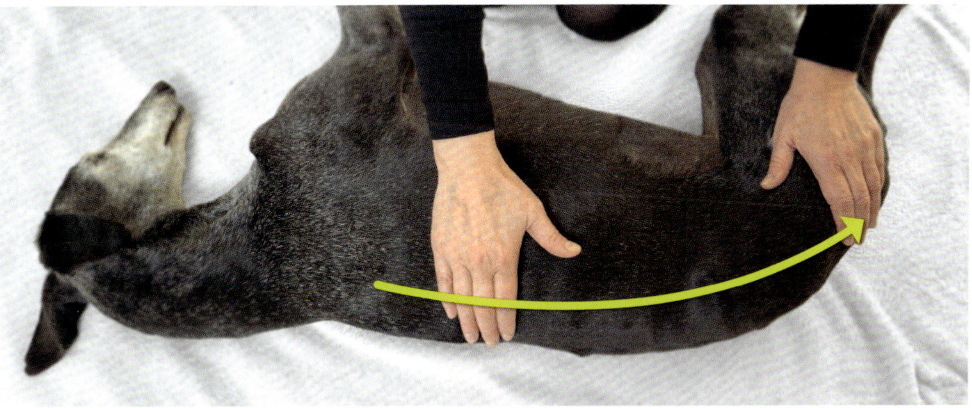

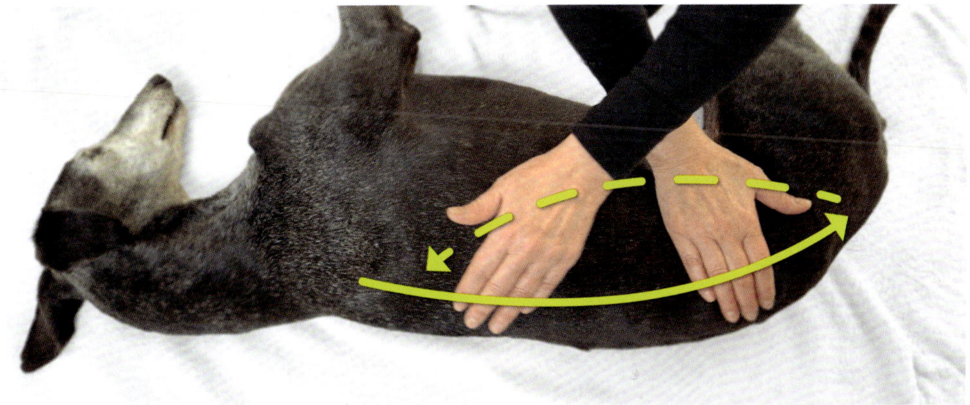

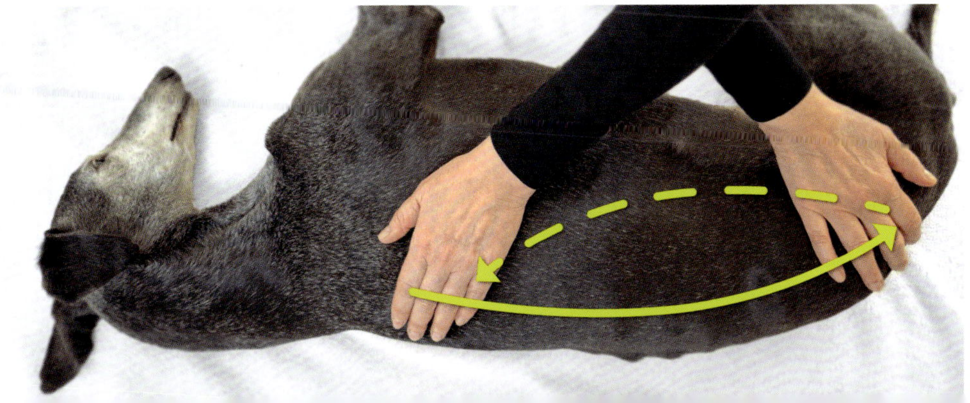

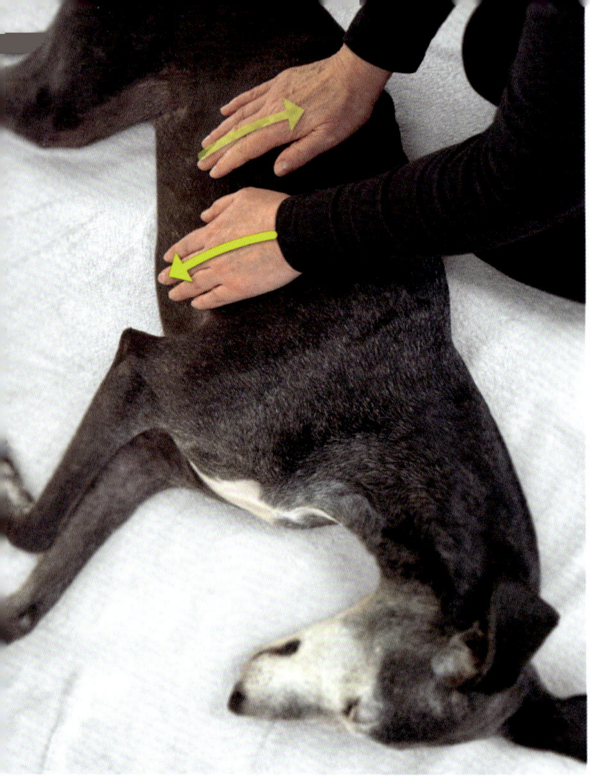 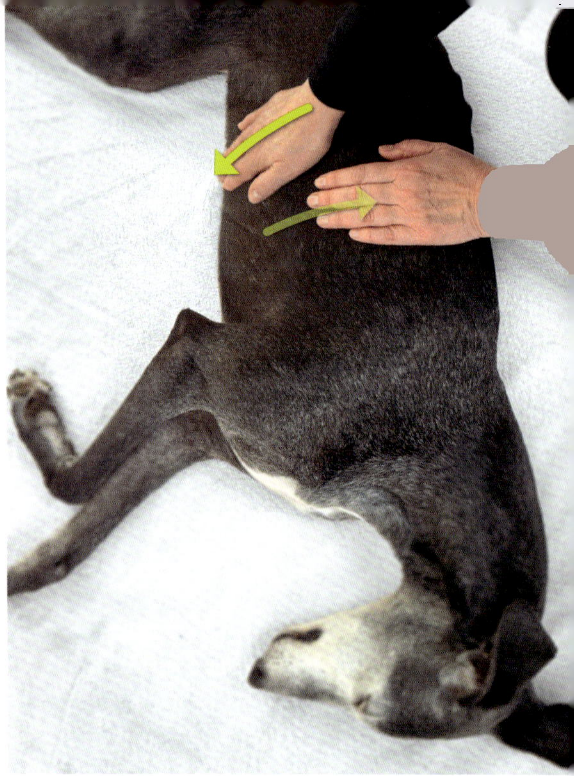

Querstreichung (mit Druck runter und ohne wieder hoch).

Bei Querstreichungen bewegen sich die Hände quer zum Muskelfaserverlauf. Der Hund liegt auf der Seite mit dem Rücken zu Ihnen. Legen Sie die Hände nebeneinander auf den Brustkorb mit den Fingern Richtung Bauch. Nun streichen Sie abwechselnd mit der einen, dann mit der anderen Hand unter leichtem Druck in Richtung Brustbein und gehen ohne Druck zurück in die Ausgangsposition.

Wichtig

Seien Sie vorsichtig im Bereich der Rippen und üben Sie keinen Druck von oben mit Ihrem Oberkörper aus.

Die Muskulatur zwischen den Rippen können Sie vorsichtig mit den Fingerkuppen ausstreichen. Ihr Hund liegt mit dem Bauch zu Ihnen. Spreizen Sie Ihre Finger und formen Sie sie leicht zu einer Harke. Legen Sie jeweils eine Fingerbeere in den Zwischenrippenraum, sodass sich zwischen Ihren einzelnen

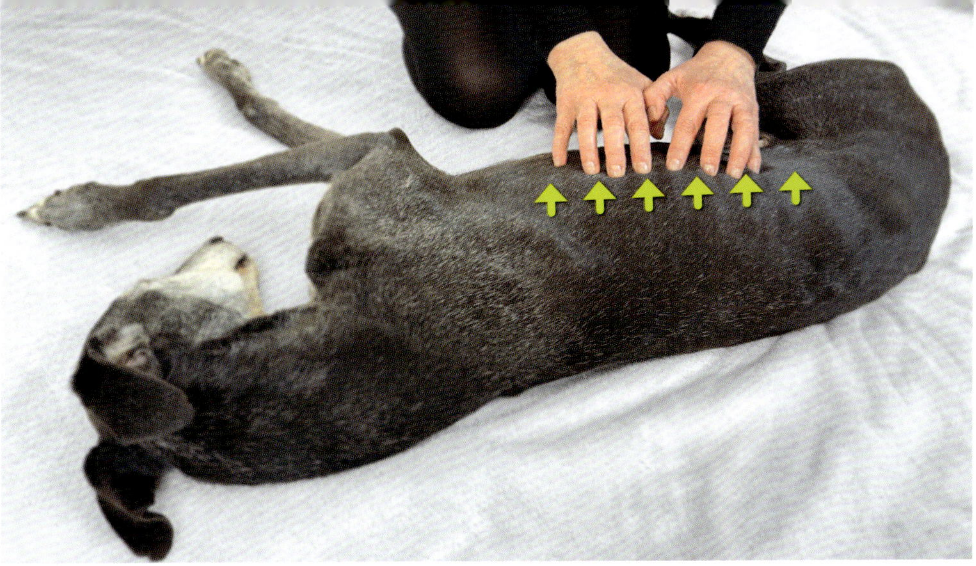

Streichungen des Zwischenrippenraums

Fingern jeweils eine Rippe befindet. Nun streichen Sie den Zwischenrippenraum vorsichtig mit langgezogenen Bewegungen von oben nach unten in Richtung Brustbein aus. Am Brustbein angekommen, setzen Sie ab, gehen in die Ausgangsposition zurück und wiederholen die Streichungen mehrmals.

Wichtig

Achten Sie darauf, dass Sie die Fingerspitzen flach aufgelegt haben und sich nicht Ihre Nägel in das Gewebe bohren.

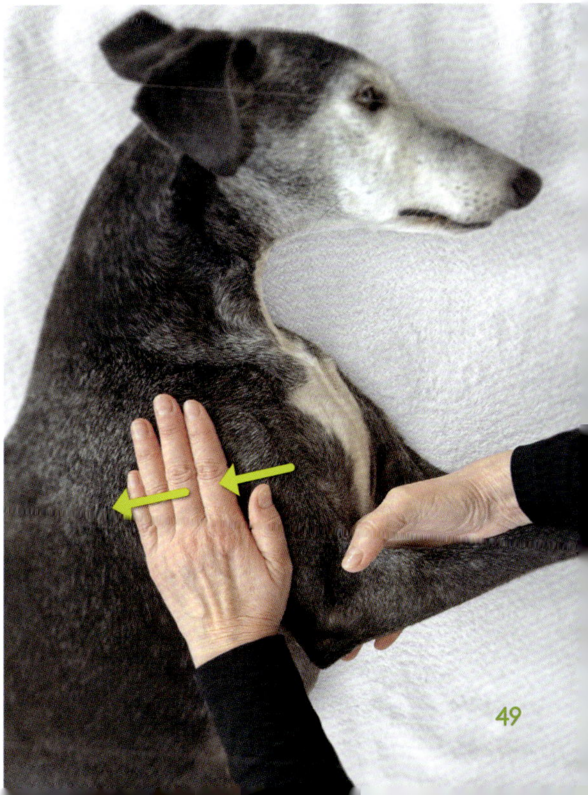

Einhandstreichung der oberen Gliedmaße

Die Extremitäten werden mit der Einhandstreichung massiert. An der oberen Gliedmaße kommen großflächige Streichungen mit der ganzen Handfläche oder nur mit den geschlossenen Fingern zum Einsatz. Dabei passen sich Handteller und Finger den Körperkonturen des Hundes an. Unterlagern Sie mit der einen Hand das Bein, während die andere die Extremität mehrfach bis zum oberen Schulterblattrand ausstreicht.

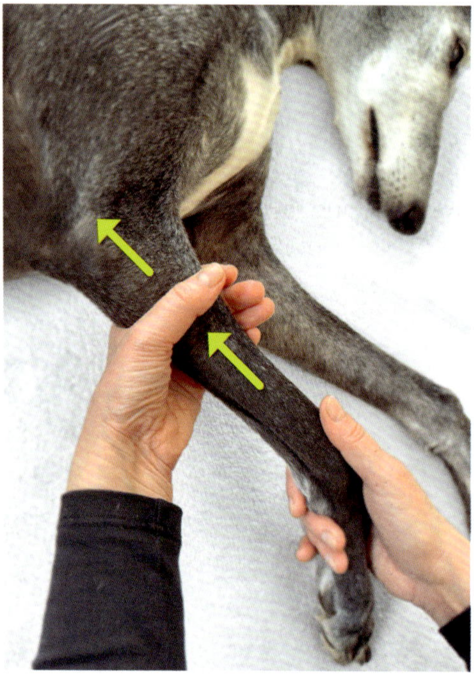

Einhandstreichung der unteren Gliedmaße

Für die untere Extremität umschließen Sie das Bein locker mit der Hand und streichen Sie die Gliedmaße nach oben und wieder nach unten aus. Die andere Hand stabilisiert das Bein am Handgelenk oder der Pfote.

Wichtig

Bevor Sie die unteren Gliedmaßen, also Unterarm und Unterschenkel, massieren, sollte die Schulter- und Beckenregion behandelt worden sein, damit diese Bereiche entstaut sind.

Fehlermöglichkeiten

Hand wird zu steil gehalten, sodass der Druck in die Tiefe geht anstatt in Richtung Muskelfaserverlauf
Rhythmus zu schnell, wodurch sich die Spannung erhöht
Hände passen sich nicht den Körperkonturen an, sondern werden steif gehalten
Druck nicht gleichmäßig auf die ganze Handfläche verteilt, sondern vermehrte Druckausübung mit Ballen oder Fingerkuppen
Nur Haut wird verschoben anstatt Muskelmasse
Zu kräftiger Druck und daher kein geschmeidiges Gefühl unter den Händen
Beim Streichen mit den Fingerrücken wird nicht flächig gearbeitet, sondern es werden die Fingerknöchel ins Gewebe gedrückt

Knetung (Petrissage)

Knetungen, auch bekannt als Petrissage, sind im Gegensatz zur weichen Effleurage intensiver. Daher sollten immer wieder Streichungen zwischen den Knetungen eingeschoben werden.

Durch geringes Anheben der Muskelpartie und verwringende Bewegungen wird das Gewebe gedehnt und gezogen. So werden Verklebungen der Haut, Unterhaut und Muskulatur gelöst. Eine bessere Durchblutung und damit Nährstoffversorgung in dem Bereich ist die Folge. Lymphgefäße werden entleert und der Abbau von Stoffwechselendprodukten beschleunigt. Langsame, sanfte Knetungen wirken entspannend auf die Muskulatur.

Knetungen können mit der Handfläche, dem Handballen oder den Fingern quer oder längs zum Muskelfaserverlauf durchgeführt werden.

Bei Knetungen der Rückenmuskulatur fassen Sie parallel zur Wirbelsäule den Muskelbauch zwischen Daumen und Fingern, sodass sich eine Falte bildet. Greifen Sie nicht von oben mit den Fingerspitzen zu, sondern waagerecht, wie auf den Fotos abgebildet und stellen Sie sicher, dass Sie nicht nur eine Hautfalte halten, sondern auch Muskelmasse. Drücken Sie die Muskulatur zwischen Daumen und Finger nicht fest zusammen. Wenden Sie nur so viel Kraft auf, dass Ihnen das Gewebe nicht aus den Händen gleitet. Nun heben Sie die Falte ein wenig ab und schieben dann abwechselnd die Finger der einen Hand zum Daumen der anderen Hand, sodass sich der Muskel schlangenförmig bewegt. Dies geschieht mit einem langsamen Rhythmus mehrmals im Wechsel, bevor die Finger ein Stück weiter erneut Gewebe greifen.

Wichtig

Massieren Sie immer von der Wirbelsäule weg, indem Sie das Gewebe mit den Fingern in Richtung der Daumen schieben und nicht umgekehrt.

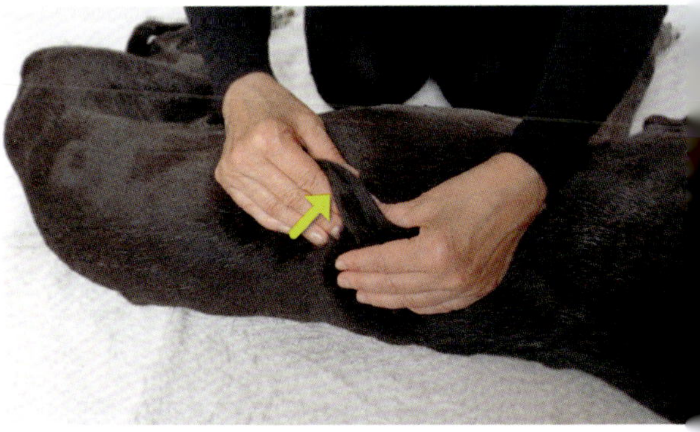

Fingerknetung neben der Wirbelsäule

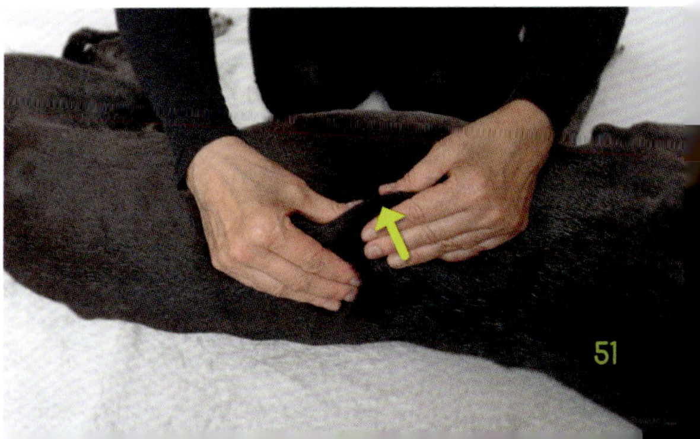

Fingerknetung an der Vordergliedmaße

Wenn Sie geübt sind, kann die Falte während der Knetung fließend weiterbewegt werden, ohne dass Sie absetzen müssen, um erneut Gewebe zu greifen.

Kleine oder flache Muskeln lassen sich gut mit den Fingerspitzen kneten. Hierzu greifen Sie den Muskel parallel zum Faserverlauf, sodass sich wieder eine Falte bildet, die Sie minimal abheben. Während sich nun die Finger der einen Hand zum Daumen der anderen Hand im Wechsel bewegen, wird die Falte zwischen den Fingern S-förmig gewunden und durch mehrmalige Wiederholung massiert.

Wichtig

Achten Sie auch hier darauf, dass Sie Muskulatur erfassen und nicht nur Haut. Quetschen Sie das Gewebe zwischen Daumen und Fingerspitzen nicht, was bei kleinen oder flachen Muskeln leicht passieren kann.

Bei mehr Muskelmasse, zum Beispiel am Oberschenkel, liegt der Muskelbauch zwischen der Handfläche und dem Daumenballen der einen Hand (Einhandknetung), während die Gliedmaße mit der anderen stabilisiert wird. Indem Sie Ihr Handgelenk ein- und ausdrehen, üben Sie einerseits mit dem Daumenballen eine Schubbewegung, andererseits mit der Handfläche eine Zugbewegung auf das Gewebe aus. Der Muskel wird dadurch quer zu seinem Faserverlauf gewrungen.

Wichtig

Achten Sie darauf, dass Sie flächig arbeiten und nicht mit dem Daumen und den Fingerbeeren drücken beziehungsweise ziehen.

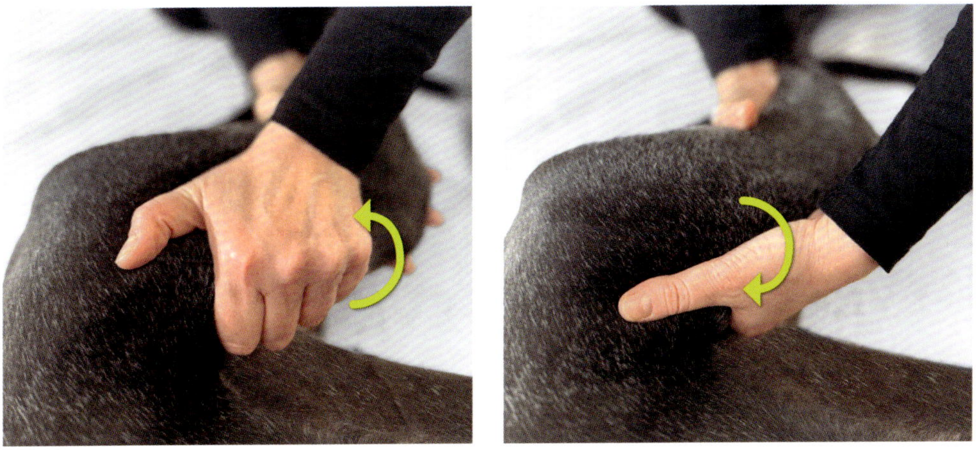

Einhandknetung am Oberschenkel

Fehlermöglichkeiten

Keine fließende und weiche Bewegung
Zu schneller Rhythmus
Angehobener Muskelbereich wird zwischen Daumen und Finger gequetscht und es können Blutergüsse entstehen
Die Hände/Finger liegen zu nah zusammen, sodass die Muskelfalte dazwischen zusammengedrückt wird
Muskelbauch wird zu stark angehoben
Das Gewebe wird von oben gegriffen anstatt parallel zum Faserverlauf
Fingernägel bohren sich ins Gewebe
Streichungen werden zwischendurch nicht eingeschoben
Muskulatur ist durch vorausgehende Streichungen nicht genügend erwärmt
Anstatt Muskelmasse liegt nur Haut zwischen Daumen und Finger

Behandlungstechnik von Stresspunkten

Eine der effektivsten Massagetechniken zur Behandlung von Stresspunkten ist die Reibung. Bei der Stresspunktmassage dringen Fingerbeeren oder Daumen mit punktuellen Zirkelungen oder Reibungen quer zur Muskelfaser in die Tiefe vor. Die lokale Durchblutung wird erhöht und damit die Sauerstoff- und Nährstoffversorgung verbessert. Die Gewebsschichten werden langsam gegeneinander verschoben und verklebte Fasern voneinander gelöst. Damit Schmerzen gelindert und das Bewegungsmaß normalisiert.

Wichtig

Die Behandlung darf dem Hund keine Schmerzen bereiten, da er ansonsten mit Abwehr reagiert und so eine Weiterbehandlung unmöglich macht. Seien Sie daher vorsichtig mit der Druckintensität. Die Druckstärke richtet sich immer nach dem Hund. Reibungen sind sehr intensiv und sollten daher nicht länger als zwei Minuten direkt am Stresspunkt angewendet werden.

Ausführung der Reibung quer zum Muskelfaserverlauf (Querfriktion)

Legen Sie Zeigefinger oder Daumen in einem Winkel von circa 45 Grad zum jeweiligen Stresspunkt auf. Sie können auch Mittel- und Zeigefinger übereinanderlegen und mit dem Mittelfinger einen variablen Druck auf den Zeigefinger ausüben. Zunächst bauen Sie einen leichten, aber in die Tiefe gehenden Druck auf. Im Laufe der Behandlung können Sie den Druck verstärken. Behalten Sie dabei Blickkontakt zu Ihrem Hund und berücksichtigen Sie immer seine Toleranzgrenze. Unter Beibehaltung der Druckstärke reiben Sie nun punktuell quer zum Faserverlauf auf dem Stresspunkt hin und her. Weniger intensiv ist es, wenn Sie mit an- und abschwellendem Druck arbeiten. Dabei gehen Sie mit Druck in die Richtung quer zur Faser und mit weniger Druck wieder zurück. Gleiten Sie dabei nicht mit den Fingern über die Haut, sondern führen die Reibungen unter Mitnahme der Gewebsschichten aus. Toleriert Ihr Hund die Reibungen quer zum Faserverlauf nicht, können Sie die Bewegung entlang des Muskelfaserverlaufs ausführen (Längsfriktion). Abgesehen

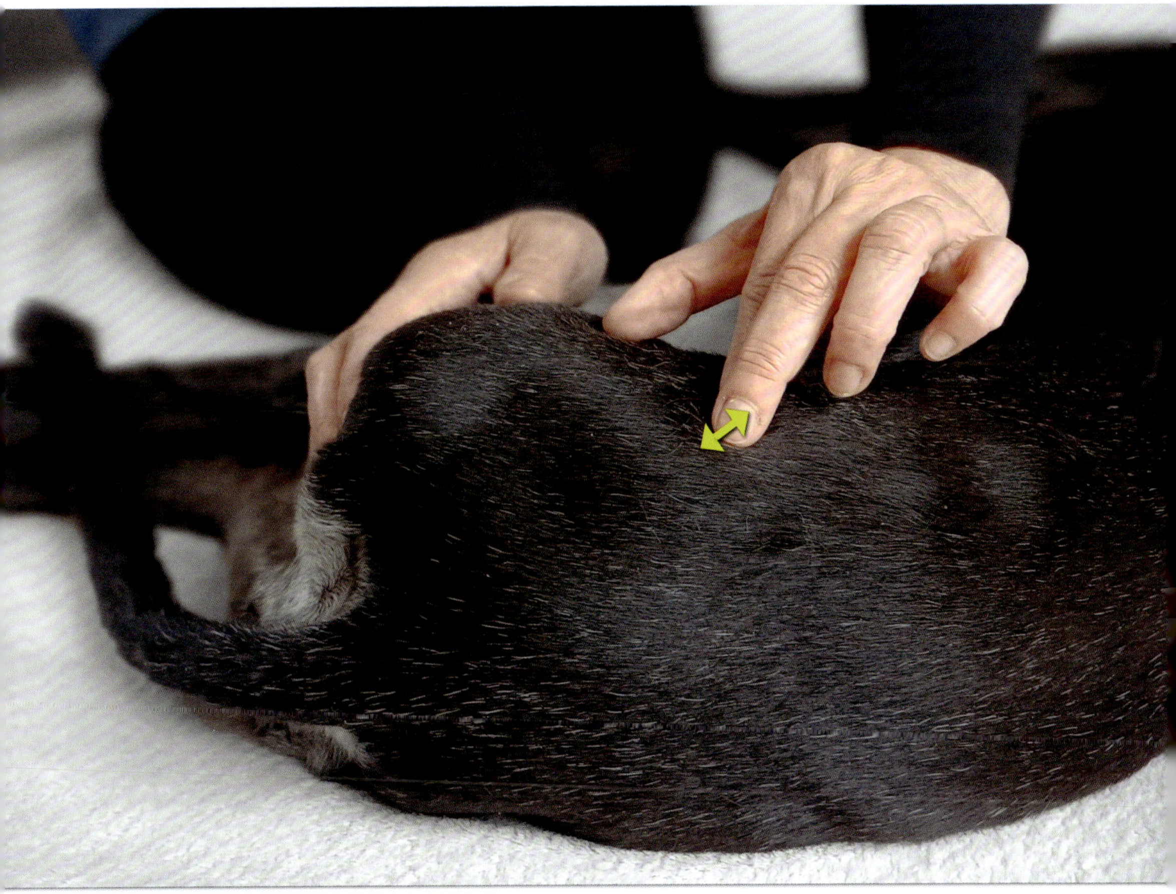

Querfriktion am Beispiel des mittleren Kruppenmuskels

von der Arbeitsrichtung ist die Ausführung identisch mit der Querfriktion. Wo Stresspunkte zu finden sind und in welche Richtung die Querfriktion auszuüben ist, finden Sie im Praxisteil unter der Stresspunktlage beziehungsweise der Stresspunktbehandlung.

Ausführung der Zirkelreibung

Bei der Zirkelreibung dringen kleinflächig kreisende Bewegungen auf dem Stresspunkt in die Tiefe vor. Stellen Sie Daumen oder Zeigefinger in ungefähr einem 45-Grad-Winkel zum Stresspunkt auf. Zur Unterstützung können Sie auch wieder den Mittelfinger auf den Zeigefinger legen. Wenn Sie mit an- und abschwellendem Druck arbeiten, wird unter Druckaufnahme ein Halbkreis ausgeführt und mit geringerem Druck der Kreis beendet. Dabei können Sie den Druck allmählich erhöhen, aber vorsichtig und wie immer mit Blickkontakt zum Hund. Auch bei Zirkelreibungen haben Sie die Möglichkeit, mit gleichbleibendem Druck zu massieren und so kreisende Bewegung in die Tiefe ausführen. Denken Sie daran, den Kontakt zum Gewebe nicht zu verlieren und auf der Stelle zu kreisen.

Zirkelreibungen am Beispiel des Trapezmuskels

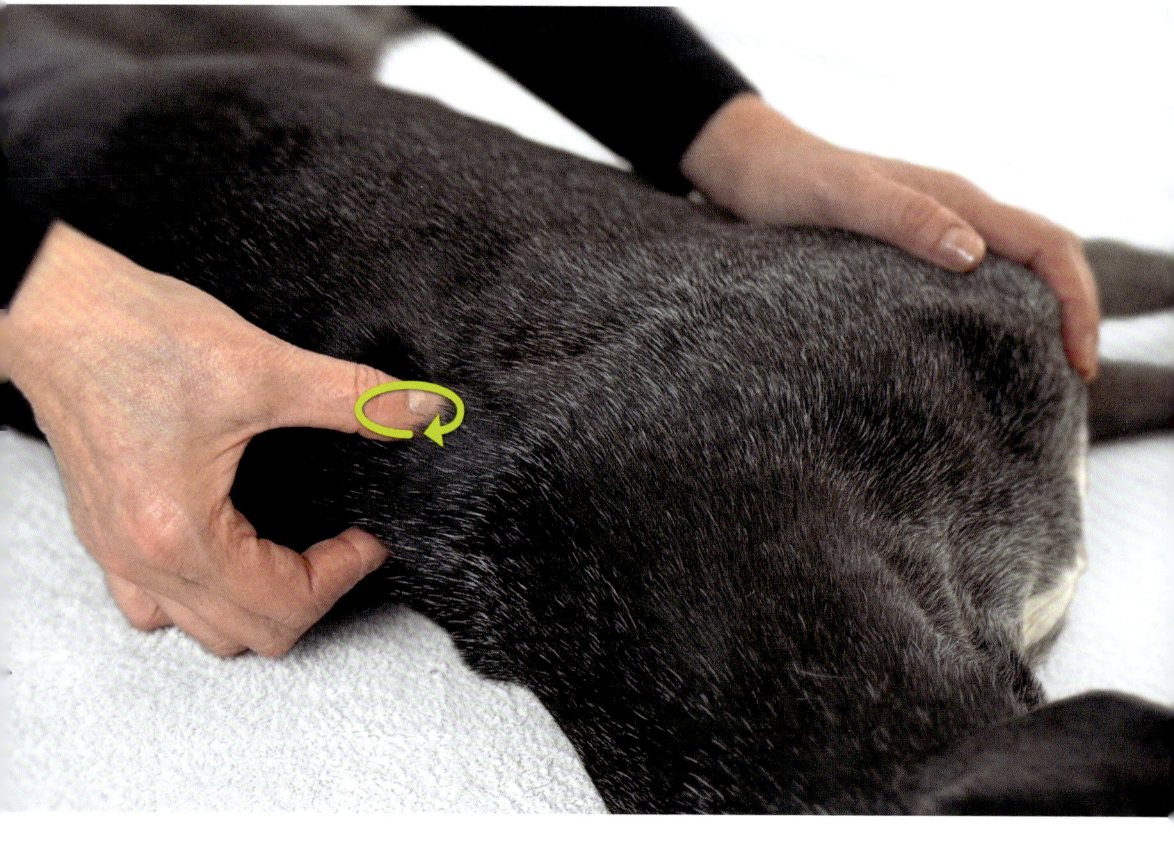

Fehlermöglichkeiten bei Reibungen

Zu starker Druck, sodass Gefäßverletzungen die Folge sind
Der Druck geht nicht in die Tiefe
Es wird nur Haut verschoben
Die Hand wird zu steil aufgestellt und Fingerspitzen bohren sich in die Haut
Gewebe wurde nicht genügend mit Streichungen und Knetungen erwärmt
Friktionen werden länger als zwei Minuten pro Stresspunkt durchgeführt
Zu schneller Rhythmus

Kontraindikationen für Reibungen

Osteoporose
Knochenbildung, beispielsweise nach Fraktur oder im Wachstum
Gefäßerkrankungen
Entzündungen
Arthritis
Gequetschtes oder zusammengepresstes Nervengewebe
Tumore
Warme Körperareale
Schwellungen
Fieber
Nicht verheiltes Narbengewebe
Infektionen
Hautkrankheiten
Prellungen
Risswunden

Dehnungen

Einteilung von Dehnungen

Die Eigenschaften von Dehnungen werden immer wieder kontrovers diskutiert und in Frage gestellt. Doch zeigt sich in der Praxis, dass Dehnübungen im Anschluss an die Stresspunktmassage muskuläre Dysbalancen ausgleichen und so die Beweglichkeit verbessern können. Gesunde Muskulatur hat eine Dehnfähigkeit von 90 Prozent. Verspannte Muskulatur bedeutet somit immer den Verlust von Dehnfähigkeit. Die Dehnungen, die hier nach der Stresspunktmassage durchgeführt werden, sind Längsdehnungen. Dabei werden Ursprung und Ansatz des Muskels in Längsrichtung zu seinem Faserverlauf maximal voneinander entfernt, ohne Schmerzen auszulösen.

Die im Praxisteil beschriebenen Anleitungen beschränken sich auf passives Dehnen. Passiv wird ein Muskel durch eine äußere Kraft gedehnt, also durch uns, indem wir beispielsweise eine Gliedmaße in eine bestimmte Position bringen und halten. Dehnungen, die der Hund eigenständig ausführt (aktiv), werden hier somit nicht beschrieben. Ruckartige Bewegungen, gegebenenfalls über die Belastungsgrenze hinaus, passieren schnell, wenn der Hund seinen Keks erreichen möchte. Hinzu kommt, dass eine Dehnung mindestens 30 Sekunden lang gehalten werden muss. Bei einer aktiven Dehnung ist die Dauer nicht so einfach zu kontrollieren, denn welcher Hund verharrt schon eine halbe Minute in derselben Position? Auch werden die Muskeln nicht dynamisch, also mit Bewegung gedehnt, sondern statisch (ohne Bewegung), da die Dehnposition für eine bestimmte Zeit gehalten wird.

Was passiert bei einer Dehnung?

Wie wir bereits wissen, besitzt der Muskel zwei Kontrollsysteme mit unterschiedlichen Aufgaben. Wenn sich ein Muskel dehnt, nimmt der Golgi-Sehnen-Apparat, der sich in der Nähe der Schnittstelle von Sehne und Muskel befindet, Spannungsänderung wahr. Bei erhöhter Spannung bewirkt er eine reflektorische Hemmung der Muskelkontraktion, um den Muskel vor Überlastung zu schützen. Diesen Mechanismus des Golgi-Sehnen-Apparats nutzt man bei der Dehnung aus. Die Muskelspannung nimmt ab und die Länge der Sarkomere nimmt zu, da sich die kontraktilen Bestandteile der Aktin- und Myosinfäden auseinanderziehen. Dabei gewährleisten die elastischen Titinfäden, die die Myosinfilamente an den Z-Scheiben anheften, dass das Aktin und Myosin nicht zu weit auseinander gleiten und die Sarkomere somit nicht übermäßig gedehnt werden. Nach der Dehnung sorgt das Titin dafür, dass sich die Myosinfäden wieder den Z-Scheiben annähern und das Sarkomer seine ursprüngliche Länge erhält. Der Muskel verlängert sich also nicht durch Dehnung, wie lange angenommen.

Die Muskelspindel, die sich im Muskelbauch befindet, schützt den Muskel vor Überdehnung. Wird der Muskel bis zu einem Maß an Spannung gedehnt, wird auch die Muskelspindel gedehnt und sendet Signale an das Rückenmark, um eine Muskelkontraktion auszulösen. Wird die Dehnung in der Position für mindestens 30 Sekunden gehalten, werden die Signale schwächer und der Körper erkennt, dass keine Gefahr droht. Es ist somit wichtig, die Dauer der Dehnung zu berücksichtigen. Aber auch die Geschwindigkeit, mit der wir in eine Position gehen, wird von der Muskelspindel registriert.

Wichtig

Beim passiv-statischen Dehnen wird nicht mit Schwung gearbeitet, sondern der Muskel langsam ohne zu federn in die Länge gezogen, ohne dass im Muskel oder im Gelenk Schmerzen entstehen. Die Position wird für mindestens 30 Sekunden gehalten.

Kontraindikationen für Dehnungen

Akute Verletzungen
Muskelkater
Muskelzerrung
Muskelfaserriss
Spondylosen und Bandscheibenvorfällen
Nach Operationen
Instabile Bänder, Sehnen oder Gelenke (Hypermobilität)
Entzündliche Bereiche in der verkürzten Muskulatur
Trächtigkeit
Schmerzen
Ödeme
Hämatome
Knochenbrüche
Bei Gelenkproblemen, beispielsweise Arthrose, ist auf Schutzspannung zu achten (mit gesunder Seite vergleichen und auf der erkrankten Seite nicht so weit in die Dehnung gehen)

Ausführung von Muskeldehnungen

Vor der Dehnung müssen die Muskeln aufgewärmt sein. Dies ist aufgrund der vorangegangenen Stresspunktmassage der Fall. Sind Dehnungsübungen für Ihren Hund ungewohnt, wird er wahrscheinlich eine Gegenspannung aufbauen. Zwingen Sie ihn nicht in eine Position. Halten Sie auf keinen Fall dagegen, sondern geben Sie langsam nach und versuchen Sie erneut in die Dehnung zu gehen. Mit etwas Übung wird Ihr Hund verstehen, was Sie von ihm wollen. Anfangs genügt es, wenn Sie für zehn Sekunden in der Dehnung verharren. Später sollten die Positionen für mindestens 30 Sekunden bis maximal 120 Sekunden gehalten werden. Danach gehen Sie langsam in die Ausgangsposition zurück und wiederholen die Übung zwei bis drei Mal. Geht Ihr Hund während der Dehnung spontan in eine Eigendehnung über, können Sie die Übung beenden. Arbeiten Sie niemals mit viel Kraft und vermeiden Sie wippende Bewegungen. Bauen Sie langsam ohne ruckartige Bewegungen die Spannung auf und achten dabei auf die schmerzfreie Grenze des Bewegungsumfangs. Einen leichten Widerstand der Muskulatur können Sie spüren, aber eine Dehnung darf auf keinen Fall schmerzhaft sein. Verdrehen Sie das Bein nicht, sondern bleiben Sie immer in der Bewegungsachse.

Wichtig

Arbeiten Sie niemals mit zu viel Kraft und gegen den Widerstand Ihres Hundes. Bleiben Sie bei der Dehnung in dem Bereich, der für Ihren Hund noch als angenehm empfunden wird. Gehen Sie langsam in die Dehnung und berücksichtigen Sie immer die Bewegungsachse der Gliedmaßen.

Nach der Behandlung

Die Stresspunktmassage ist beendet, wenn der Punkt nicht mehr druckempfindlich ist. Hat sich der Stresspunkt nach maximal zwei Minuten nicht gelöst oder ist aufgrund einer Erkrankung eine regelmäßige Behandlung notwendig, kann die Behandlung nach zwei bis drei Tagen wiederholt werden. Im Anschluss an die Stresspunktbehandlung wird der gesamte Muskel noch einmal mit Streichungen, gegebenenfalls zusätzlich mit Knetungen massiert. Passive Längsdehnungen der behandelten Muskulatur vervollständigen die Stresspunktmassage. Am selben Tag sollte der Hund keinen Sport machen, sondern nur kurz spazieren gehen. Lassen Sie Ihren Hund zusätzlich Wasser trinken, damit die Stoffwechselendprodukte besser ausgespült werden können. Reichern Sie das Wasser zum Anreiz gerne mit etwas Dosenfutter oder Hüttenkäse an. Zu guter Letzt gönnen Sie Ihrem Hund Ruhe und Entspannung, damit der Körper Zeit hat, sich zu erholen.

II. PRAXISTEIL

STRESSPUNKTMASSAGE

Bevor wir nun tiefer in das Thema der Stresspunktmassage eintauchen, wird hier die Vorgehensweise kurz zusammengefasst. Führen Sie sich zunächst vor Augen, was bei einer Stresspunktbehandlung zu beachten ist (Kapitel 6) und betrachten Sie immer Ihren Hund in seiner Gesamtheit. Tasten Sie den gesamten Körper nach Gewebeveränderungen ab und lokalisieren erst dann die aktiven Stresspunkte entsprechend der folgenden Anleitungen. Eine direkte Behandlung der jeweiligen Stresspunkte mit Reibungen erfolgt erst nach einleitender Massage des gesamten Muskels. Nach der Stresspunktmassage wird der Bereich noch einmal ausgestrichen und abschließend die beschriebene Dehnübung ausgeführt. Im Anschluss sollte Ihr Hund einen kurzen Spaziergang machen.

Zu den genannten Muskelgruppen sind zusätzlich Behandlungstechniken aufgeführt, die Einfluss auf die Faszienspannung nehmen. So haben Sie neben der Stresspunktmassage noch weitere Möglichkeiten zur Gesunderhaltung Ihres Hundes. Erwähnt werden noch ein paar Anregungen zum Muskelaufbau, deren korrekte Ausführung Sie in Trainingsbüchern nachlesen können (siehe Literaturtipps im Anhang). Es sollte jedoch nur eine gesunde Muskulatur trainiert werden.

Info zu den Abbildungen

- *Blaue Punkte bezeichnen jeweils die im Text näher beschriebene Stresspunktlage*
- *Gelbe Punkte bezeichnen die Zonen, in denen weitere Stresspunkte zu finden sein können*

1. Stresspunkte der besonderen Kopfbeweger

Die Muskeln, die auf die Gelenke zwischen dem Kopf und den ersten beiden Halswirbeln einen Einfluss haben, werden als besondere Kopfbeweger bezeichnet. Sie ermöglichen Bewegungen wie Nicken, Schütteln, Hochwerfen, Schiefstellung und Drehen des Kopfes. Zu den Kopfbewegern zählen unter anderem der große gerade Kopfmuskel und der hintere schiefe Kopfmuskel. Diese Muskeln werden von anderen bedeckt und sind daher nicht direkt zugänglich. Beim Apportieren oder durch Nicken mit einem Apportel können die Kopfbeweger aufgebaut werden. Es genügt bereits ein geringes Gewicht, da das Kiefergelenk ansonsten Schaden nehmen könnte und beim Tragen der Hunderücken zu sehr ins Hohlkreuz gezogen wird.

Wichtig

Bei einem akuten Bandscheibenvorfall dürfen die Übungen mit dem Apportel nicht durchgeführt werden.

Großer gerader Kopfmuskel (M. rectus capitis dorsalis major) und hinterer schiefer Kopfmuskel (M. obliquus capitis caudalis)

Der große gerade Kopfmuskel zieht vom zweiten Halswirbel bis zum Hinterhauptbein und hebt den Kopf und streckt das erste Kopfgelenk. Der hintere schiefe Kopfmuskel entspringt ebenfalls vom zweiten Halswirbel, setzt aber am Atlasflügel an. Er dreht den Kopf und fixiert das erste Kopfgelenk.

Anzeichen bei verspannter oberer Halsmuskulatur

Schiefe, gestreckte oder steife Kopfhaltung
Kopfschütteln wird vermieden
Erhöhte Kopfhaltung beim Schlafen
Probleme beim Apportieren
Hund lässt sich nicht am Kopf anfassen
Probleme beim Fressen aus dem Napf
Verspannungen im Trapezmuskel
Kiefer- oder Zahnprobleme
Ohren- und Augenprobleme
Übelkeit
Müdigkeit
Schwindel
Kopfschmerzen
Abwehrhaltung beim Anziehen von Mänteln und Pullis, die über den Kopf gezogen werden

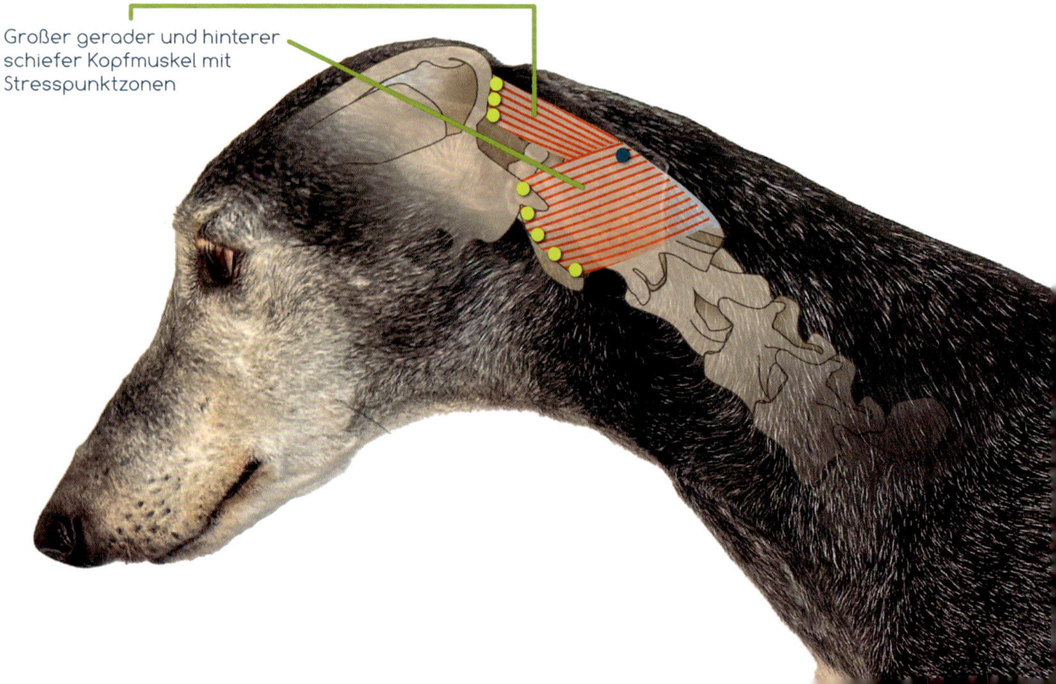

Stresspunktlage

Ihr Hund ist im Sitz, Platz oder entspannt in Seitenlage. Sie befinden sich in stabiler Position neben ihm auf Kopfhöhe. Suchen Sie die prominenten Flügel des ersten Halswirbels (Atlas) auf und gleiten sanft mit den Fingerbeeren am vorderen Flügelrand entlang in die Hinterhauptgrube. Welchen Eindruck macht die Gewebebeschaffenheit? Fühlt sich der Bereich weich und elastisch an oder doch eher fest?

Suchen Sie die Muskulatur auf dem Atlas nach weiteren Verhärtungen ab und gleiten dann am Atlasflügel entlang. Stresspunkte finden sich häufig links und rechts nahe der Mittellinie zwischen dem ersten und zweiten Halswirbel oder auch an der Ansatzstelle am Hinterhauptbein. Haben Sie einen schmerzhaften Punkt gefunden, wird Ihr Hund dem Druck ausweichen wollen.

Wichtig

Um eine Rotation des ersten Halswirbels zu vermeiden, sollten die Atlasflügel von unten mit den Fingern stabilisiert werden (s. Foto).

Stresspunktmassage

Zur Behandlung muss der Hund entspannt auf der Seite liegen. Da die Halssegmente sehr sensibel sind und wichtige Leitbahnen durch eine Öffnung der Schädelbasis austreten, wird der Bereich in der Grube zwischen Hinterhauptbein und ersten Halswirbel zunächst vorsichtig mit wenig Druck ausgestrichen. Dabei wird auch die Muskulatur der ersten beiden Halswirbel mit in die Massage einbezogen. Leichte Knetungen mit den Fingerspitzen schließen sich den Streichungen an, bevor die Stresspunktbehandlung beginnt.

Stresspunktlage der Kopfbeweger (unter dem Daumen)

Stresspunkte der Kopfbeweger lassen sich gut mit dem Zeigefinger behandeln. Üben Sie auf der Stelle vorsichtig eine Querfriktion quer zum Faserverlauf in die Tiefe aus. Dabei geht die Arbeitsrichtung nahe der Mittellinie transversal (links/rechts) und weiter entfernt von der Mittellinie auf dem Atlasflügel schräg nach außen und hinten (laterokaudal).

Wenden Sie nur so viel Druck an, wie Ihr Hund toleriert.

Stresspunkte am Hinterhauptbein werden mit der Fingerfriktion vorsichtig behandelt. Die Querfriktion erfolgt hier parallel zum Hinterhauptbein.

Wichtig

Achten Sie bei Friktionen im Halsbereich auf die Druckstärke und stellen Sie die Hand nicht zu steil auf, um nicht mit den Fingerspitzen zu bohren.

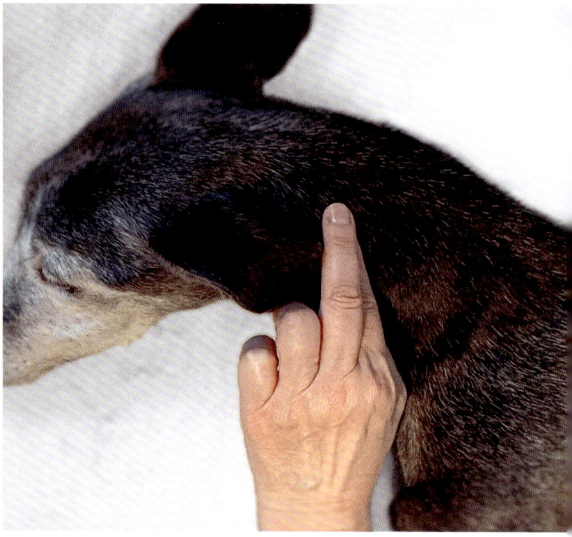

Querfriktion am Stresspunkt auf dem Atlasflügel

Querfriktion am Hinterhauptbein

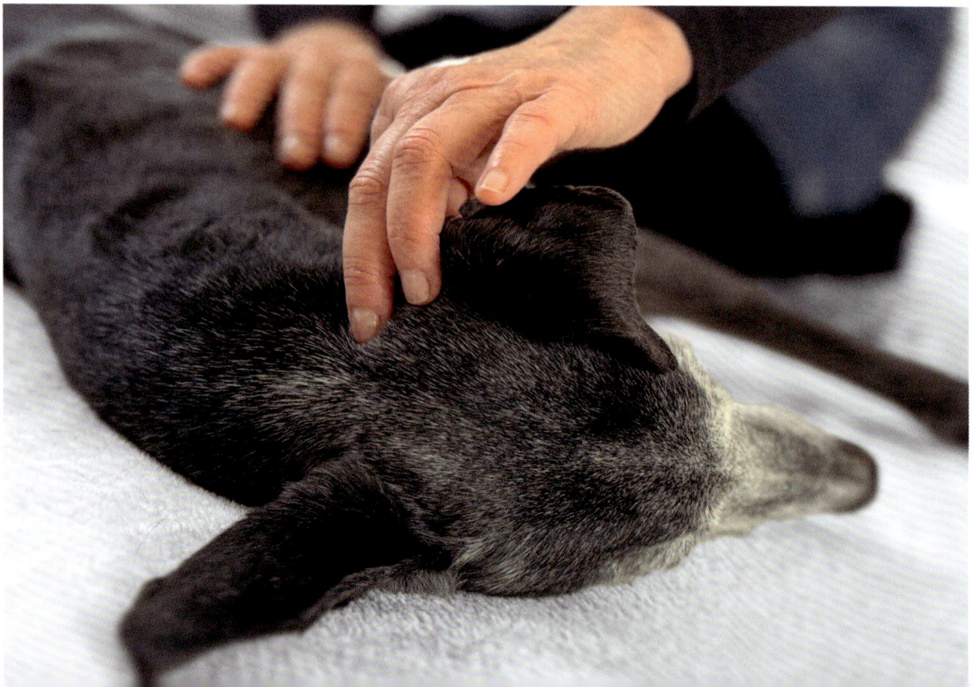

Atlasrelease

Dies ist eine Entspannungstechnik des ersten Halswirbels, die auf sanfte Art Verspannungen im Nackenbereich lösen kann. Der Hund liegt möglichst auf der Seite, er kann aber auch in Brust-Bauch-Lage sein. Legen Sie die Finger in die Grube zwischen dem Hinterhauptbein und dem ersten Halswirbel und stellen sich vor, wie Ihre Fingerbeeren immer weiter in die Muskulatur einsinken. Halten Sie die Position, bis Sie spüren, wie das Gewebe unter Ihren Fingern weicher wird und nachgibt. Sie können dabei auch die Augen schließen, um sich besser zu konzentrieren.

Wichtig

Üben Sie keinen Druck aus. Es genügt hier ausschließlich das Gewicht der Finger.

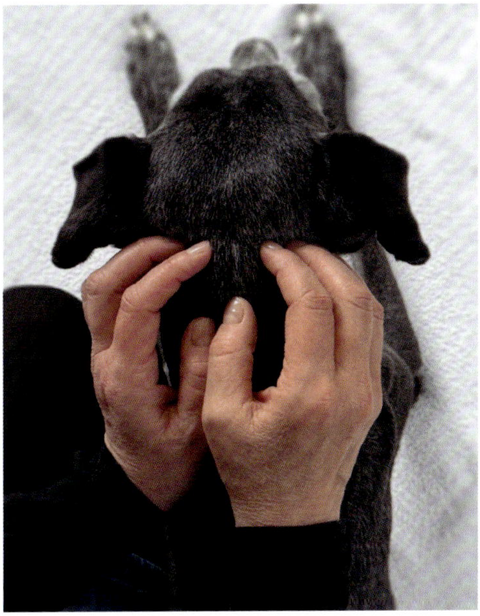

Atlasrelease

Faszienrelease des Nackenbandes

Bei verspannter Nackenmuskulatur und Bewegungseinschränkungen von Kopf und Hals ist es sinnvoll, das Nackenband, das vom zweiten Halswirbel bis zur vorderen Brustwirbelsäule verläuft, zu entspannen. Hierfür befindet sich der Hund in Seitenlage mit dem Bauch zu Ihnen. Die kopfnahe Hand liegt über dem zweiten Halswirbel, die andere Hand liegt auf den Dornfortsätzen der ersten Brustwirbel zwischen den Schulterblatträndern auf. Die Finger der Hände zeigen zueinander.
Nun üben Sie einen leichten Druck in die Tiefe aus, gleichzeitig ziehen Sie Ihre Hände in entgegengesetzter Richtung bis zum ersten Widerstand vorsichtig auseinander und warten, bis sich das Gewebe entspannt. Danach gehen Sie in die Ausgangsposition zurück und wiederholen die Technik zwei bis drei Mal.

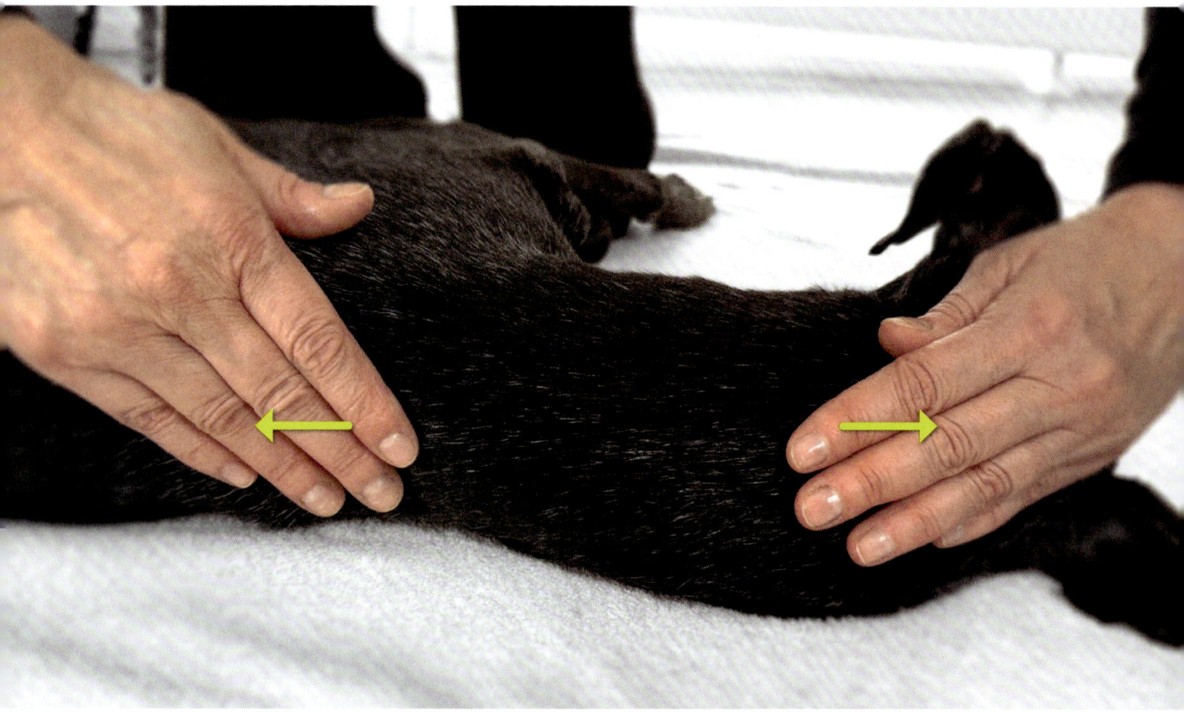

Faszienrelease am Nackenband

Wichtig

Bei Bandscheibenvorfällen oder Spondylosen im Bereich der Halswirbelsäule darf keine passive oder aktive Dehnung durchgeführt werden. Bei Blockierungen der Halswirbel müssen diese erst gelöst werden, bevor dehnende Techniken zur Anwendung kommen. Zwerg- und Toyrassen haben oft eine sehr instabile Verbindung zwischen den ersten beiden Halswirbeln. Daher sollten Sie bei diesen Rassen auf die Technik ganz verzichten.

Mögliche Ursachen für Verspannungen der Kopfbeweger

Zu enge, schwere oder nicht passende Halsbänder, tierschutzwidrig verschnallte Halsbänder
Würgehalsbänder
Schwere Schleppleinen
Leinenruck (auch durch Flexileinen am Halsband)
Ziehen an der Leine
Zerrspiele
Zahnprobleme
Zu viel Kauen auf Stöckchen, Knochen, Ball
Apportieren schwerer Gegenstände
Verspannungen im Trapezmuskel
Trauma (Überschlag, Bodycheck, Frontalkollision)
Häufiges Beifußgehen mit Blickkontakt
Häufiges Hochlocken des Kopfes mit Futter (z. B. für Blickkontakt)
Fehlstellung der Wirbel, oftmals im Zusammenhang mit Dysfunktionen im Kreuzdarmbeingelenk
Schutzdienst
Zug- und Rennsport
Jagd- oder Hüteeinsatz
Flyball
Frisbee

2. Stresspunkte der Schultergürtelmuskulatur

Als Schultergürtelmuskulatur bezeichnet man Muskeln, die aus dem Hals-, Rücken- oder Brustbereich kommen und am Schulterblatt beziehungsweise Oberarm ansetzen. Die oberflächlichen Schultergürtelmuskeln verbinden die Gliedmaße mit dem Rumpf und sorgen im Wesentlichen für die Bewegung, die tiefe Schultergürtelmuskulatur dient hauptsächlich der Aufhängung des Rumpfes zwischen den Vorderbeinen. Trainiert werden können die Muskeln mit Pfotegeben oder auch Winken, also ohne die Pfote zwischendurch abzulegen oder abzustellen. Bergab gehen im langsamen Schritt ist ebenfalls eine schöne Übung, um die Schultergürtelmuskulatur aufzubauen.

Wichtig

Hunde, die überbeweglich im Handwurzelgelenk sind und Probleme in der Rücken- und Halsmuskulatur haben, sollten möglichst nicht bergab gehen.

Langsames Übersteigen von Cavaletti im Schritt ist ein Ganzkörperworkout und kräftigt somit auch die Schultergürtelmuskulatur. Insbesondere der Trapezmuskel arbeitet hier intensiv, um die Schulter gut zu stabilisieren.

Wichtig

Bei Wirbelsäulenproblemen und Arthrose sollten Hunde keine hohen Stangen übersteigen.

Arm-Kopf-Muskel (M. brachiocephalicus) und Schulter-Hals-Muskel (M. omotransversarius)

Sie verlaufen seitlich am Hals bis zum Oberarm, wobei der Schulter-Hals-Muskel größtenteils vom Arm-Kopf-Muskel bedeckt wird, der dadurch Verspannungen auf den Schulter-Hals-Muskel übertragen kann. Der Arm-Kopf-Muskel liegt in der oberflächlichen Schicht und lässt sich gut abtasten. Da er die Drosselrin-

ne, eine längs verlaufende Muskelfurche im unteren Halsbereich, begrenzt, ist er gut auffindbar.
Im Gegensatz dazu ist der Schulter-Hals-Muskel nur an seiner Ansatzstelle direkt zu fühlen.
Der Arm-Kopf-Muskel setzt sich aus mehreren Muskelanteilen zusammen, die aber funktionell eine Einheit darstellen. Er verläuft vom Schädel bis zum Oberarm und ist ein Vorführer der Vordergliedmaße. Bei einseitiger Kontraktion bewegt er Kopf und Hals zur Seite, während er bei feststehender Gliedmaße Kopf und Hals nach unten und zurück zieht.

Der Schulter-Hals-Muskel entspringt am Atlasflügel und am zweiten Halswirbel und setzt am unteren Ende der Schulterblattgräte an. Er führt die Gliedmaße nach vorne und zieht Kopf und Hals zur Seite.

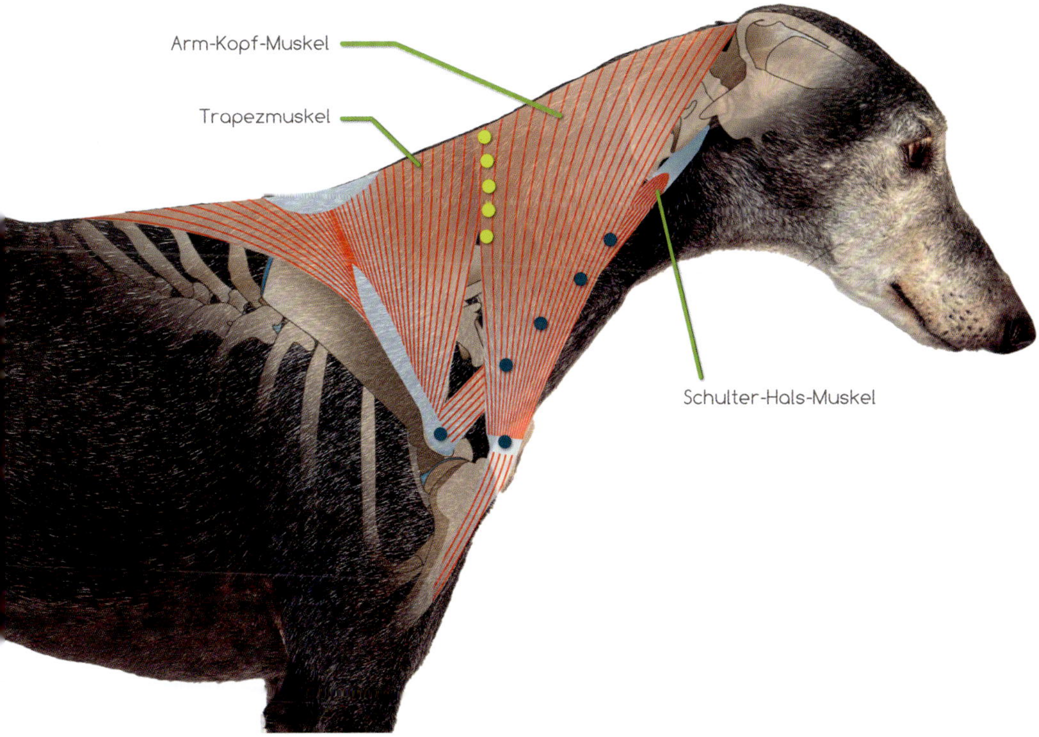

Arm-Kopf-Muskel mit Stresspunktzonen und darunterliegendem Schulter-Hals-Muskel sowie angrenzendem Trapezmuskel

Anzeichen bei verspanntem Arm-Kopf-Muskel und/oder Schulter-Hals-Muskel

Verkürzte Schrittlänge	*Steife Halshaltung*
Eingeschränkte Seitwärtsneigung zur nicht betroffenen Seite	*Stolpern*
Probleme in engen Wendungen	*Schulterprobleme*
Tiefe oder schiefe Kopfhaltung	*Vorhandlahmheit*

Stresspunktlage

Der Hund sitzt, steht oder liegt und Sie befinden sich seitlich daneben. Beginnen Sie auf Höhe der Halsmitte und fassen Sie dort den Muskelbauch locker zwischen Daumen und Fingern. Ihre Finger liegen dabei in der Muskelfurche. Gleiten Sie mit Ihrer Hand langsam in Richtung Schulterblatt, wobei Sie Stück für Stück mit dem Daumen unter leichtem Druck den Muskel nach punktuellen Verhärtungen absuchen.

Wichtig

Achten Sie darauf, den Muskelstrang nicht zwischen Daumen und Finger zu quetschen.

Stresspunktlage des Arm-Kopf-Muskels

Ist ein Bereich druckempfindlich, wird der Hund seinen Hals senken oder wegdrehen, um dem Druck auszuweichen. Die Stresspunkte liegen meist nahe der Ansatzstelle am Schlüsselbeinstreifen ungefähr auf der Höhe des Schultergelenks. Darüber hinaus können sich mehrere Stresspunkte zwischen Arm-Kopf-Muskel und Trapezmuskel (Halsportion) befinden. Fahren Sie entlang einer gedachten Linie vom Schädel bis zum vorderen Schulterblattrand (Höhe zwei Drittel des Schulterblattes). Die Stresspunkte sind sehr klein und schwer zu ertasten, achten Sie deshalb auf die Reaktion des Hundes oder auf ein Muskelzucken. Stresspunkte des Schulter-Hals-Muskels lassen sich in der Nähe vom Gräteneck seitlich am Schulterblattende auffinden und am Atlasflügel.

Stresspunktlage des Schulter-Hals-Muskels am Gräteneck

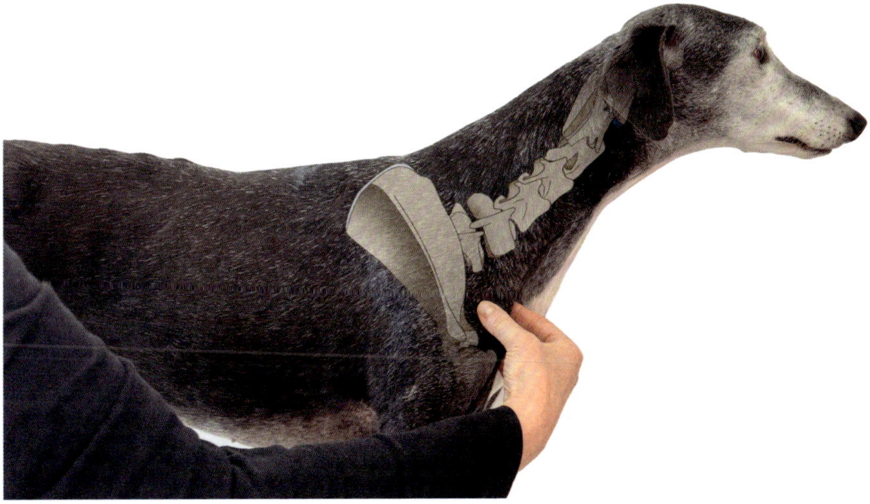

Stresspunktmassage

Ihr Hund liegt auf der Seite. Bevor Sie mit der Stresspunktmassage beginnen, wärmen Sie das Gewebe mit Streichungen und Knetungen gut auf. Für die Stresspunktbehandlung am Arm-Kopf-Muskel wird eine Friktion mit dem Zeigefinger quer zum Faserverlauf schräg nach vorne und unten (kranioventral) für maximal zwei Minuten ausgeführt.

Wichtig

Achten Sie darauf, dass Sie nicht auf die Querfortsätze der Halswirbel drücken.

Querfriktion am Arm-Kopf-Muskel

Die Stresspunkte des Schulter-Hals-Muskels werden am Gräteneck in gleicher Weise wie beim Arm-Kopf-Muskel behandelt. Stresspunkte im Ursprungsgebiet am Atlasflügel lassen sich gut mit dem Zeigefinger bearbeiten. Der Hund liegt mit dem Rücken zu Ihnen, Sie befinden sich am Kopf. Legen Sie die eine Hand von oben auf die ersten beiden Halswirbel. Der Zeigefinger der anderen Hand, gegebenenfalls unterstützt durch den Mittelfinger, liegt auf dem Stresspunkt und übt eine Querfriktion hin zum Flügelrand für maximal zwei Minuten aus.

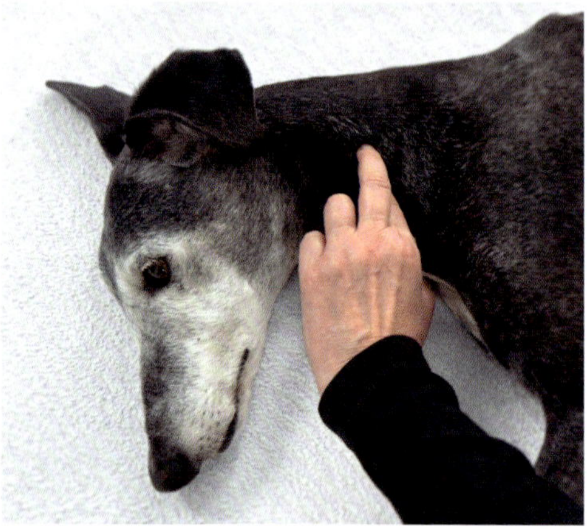

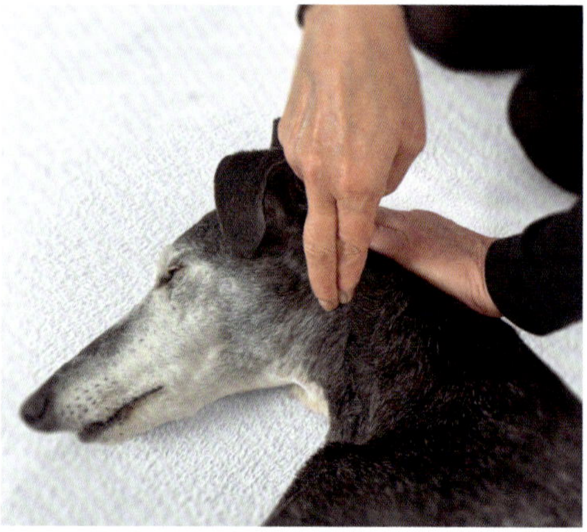

Querfriktion am Ursprung des Schulter-Hals-Muskels

Mobilisation der oberflächlichen Halsfaszie

Der Hund ist in Seitenlage mit dem Bauch zu Ihnen. Legen Sie die eine Hand an den vorderen Schulterblattrand, die andere Hand umgreift den Unterarm. Die Hand an der Schulter schiebt das Schulterblatt vorsichtig schräg nach hinten und unten, während die andere Hand gleichzeitig das Bein in Verlängerung der Gliedmaße Richtung Pfote zieht. Beim ersten Widerstand halten Sie die Position, bis das Gewebe nachlässt und gehen dann langsam in die Ausgangsposition zurück.
Sie können die Mobilisation wiederholen.

Wichtig

Schieben Sie die Schulter nicht zu weit nach hinten, sondern achten Sie auf den ersten Widerstand. Das Schulterblatt ist nicht knöchern mit dem Rumpf verbunden. Beim Zug an der Gliedmaße ist darauf zu achten, dass sich der Ellenbogen beim Hund nicht wie beim Mensch vollständig strecken lässt.

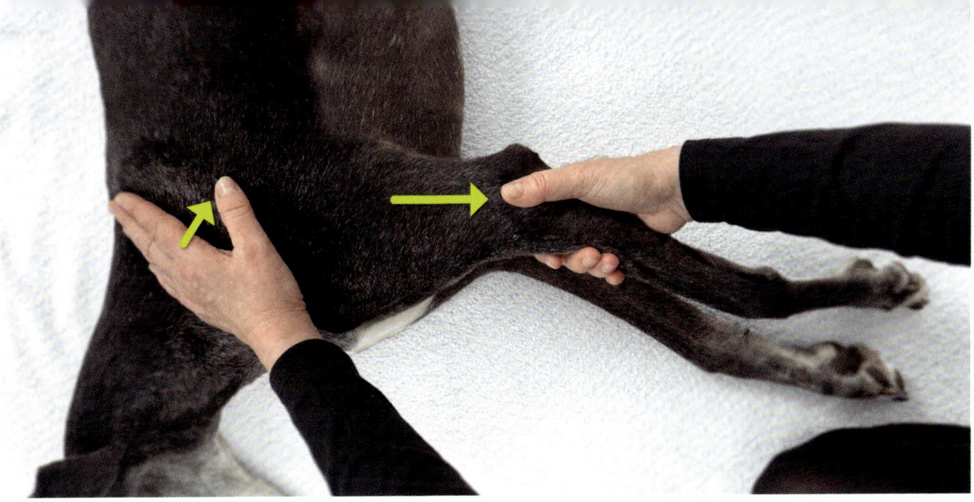

Mobilisation der oberflächlichen Halsfaszie

Vibration am Arm-Kopf-Muskel

Umgreifen Sie mit der einen Hand locker von unten den Ellenbogen, in der anderen Hand ruht das Handgelenk des Hundes, um so die Gliedmaße zu stabilisieren. Die andere Hand am Ellenbogen übt die Vibrationen aus. Strecken Sie das Vorderbein etwas und führen nun die Vorhand in kleinen vibrierenden Schwingungen so weit wie möglich zurück. Am Bewegungsende führen Sie das Bein ohne Schwingungen wieder nach vorne in die Ausgangsstellung zurück und wiederholen die Vibrationen nach hinten. Diese Technik können Sie bis zu 15 Mal durchführen.

Vibration am Arm-Kopf-Muskel

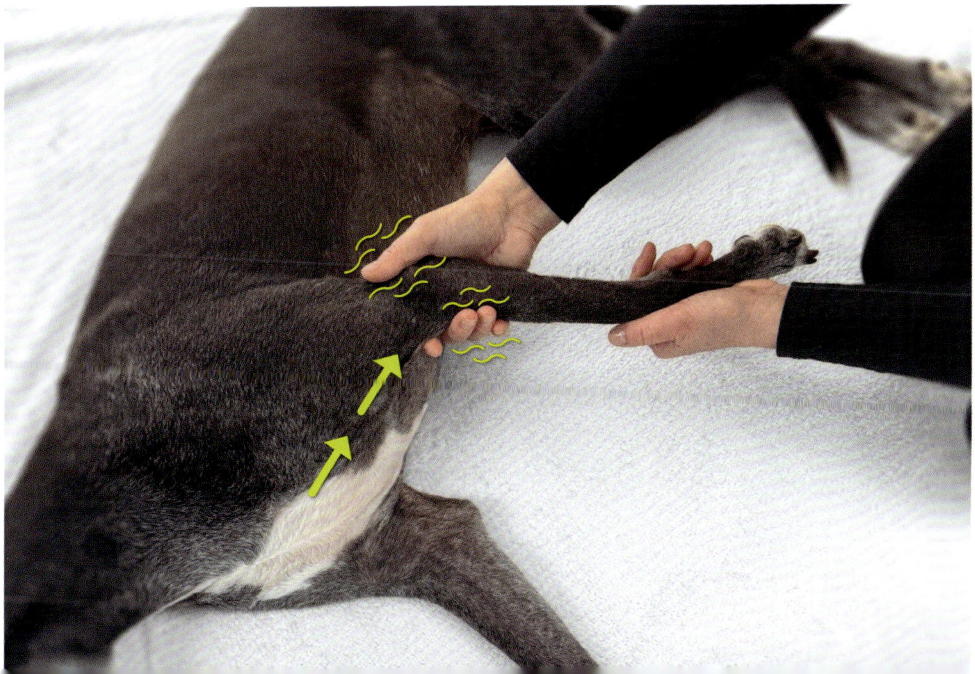

Dehnung

Da beide Muskeln die Gliedmaße vorführen, wird eine dehnende Wirkung durch das Rückführen der Vordergliedmaße erlangt. Der Hund liegt auf der Seite mit dem Bauch zu Ihnen. Die kopfnahe Hand umgreift das Schultergelenk, die andere Hand umfasst den Oberarm von vorne oberhalb des Ellenbogengelenks.

Nun schiebt die Hand am Schultergelenk das Schulterblatt vorsichtig nach hinten, während die andere Hand die Gliedmaße zurückführt. Sobald eine leichte Spannung zu spüren ist, halten Sie die Position für 30 Sekunden bis maximal zwei Minuten.

Wichtig

Hat Ihr Hund Arthrose im Schultergelenk, müssen Sie sehr vorsichtig bei der Dehnung vorgehen und langsam arbeiten. Hält Ihr Hund bei der Dehnung dagegen, unterlassen Sie die Übung und konsultieren einen Tierarzt oder Hundetherapeuten.

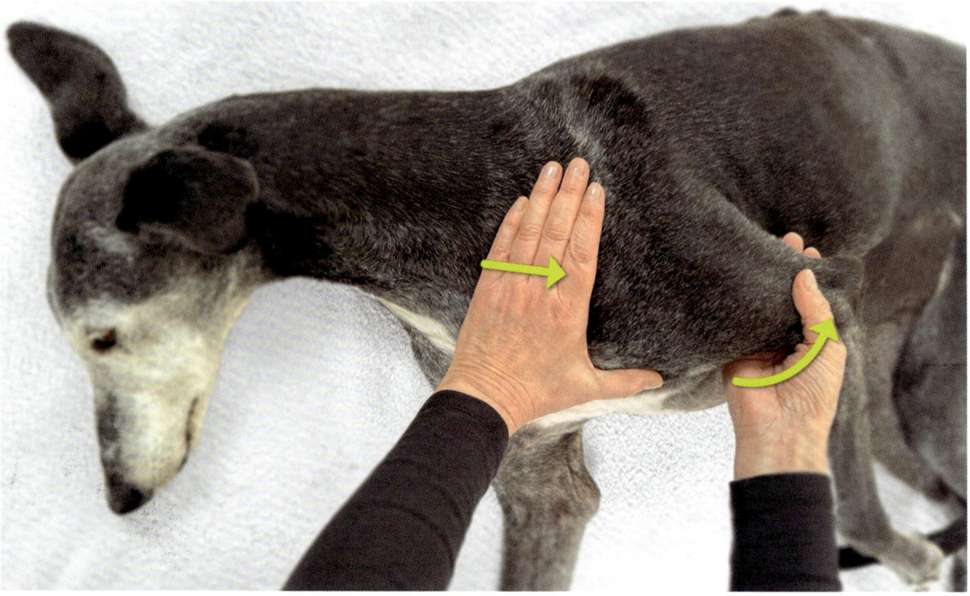

Dehnung des Arm-Kopf-Muskels und Schulter-Hals-Muskels

Mögliche Ursachen für Verspannungen des Arm-Kopf-Muskels und Schulter-Hals-Muskels

Leinenruck
Häufiges Beifußgehen mit Blickkontakt
Führen an der Leine auf immer derselben Seite
Zu enge und schwere Halsbänder
Unpassende Geschirre
Apportieren schwerer Gegenstände
Fehlstellung der Wirbel
Zughundesport
Mantrailing
Agility (Springen, Drehen, Wenden)
Probleme in der Vorhand

Trapezmuskel oder Kapuzenmuskel (M. trapezius)

Der Trapezmuskel ist ein breiter, oberflächlicher Muskel, der sich vom zweiten, dritten Halswirbel bis zur Brustregion (neunter Brustwirbel) erstreckt. Er ist unterteilt in einen Halsanteil, der am zweiten Drittel der Schulterblattgräte ansetzt, und in einen Brustbereich, der nur bis zum ersten Drittel der Schulterblattgräte reicht. Die Halsportion verschmilzt in der Nähe vom Gräteneck mit dem Schulter-Hals-Muskel, die Brustportion hat Verbindung zur Rückenfaszie.

Die Funktion des Muskels liegt hauptsächlich darin, das Schulterblatt in seiner Lage am Rumpf zu halten. Über den Kontakt zu den Dornfortsätzen stabilisiert der Trapezmuskel in der Bewegung die Vordergliedmaße auf der gegenüberliegenden Seite. Wenn sich nur die Halsportion zusammenzieht, wird das Vorderbein vorgeführt. Der Trapezmuskel ist kein Rückführer, da der Schulterblattdrehpunkt am Oberrand des Schulterblattes liegt. Somit kann das Schulterblatt nur durch die Halsportion des Trapezmuskels nach vorne gezogen werden und damit das Bein nach vorne bewegen.

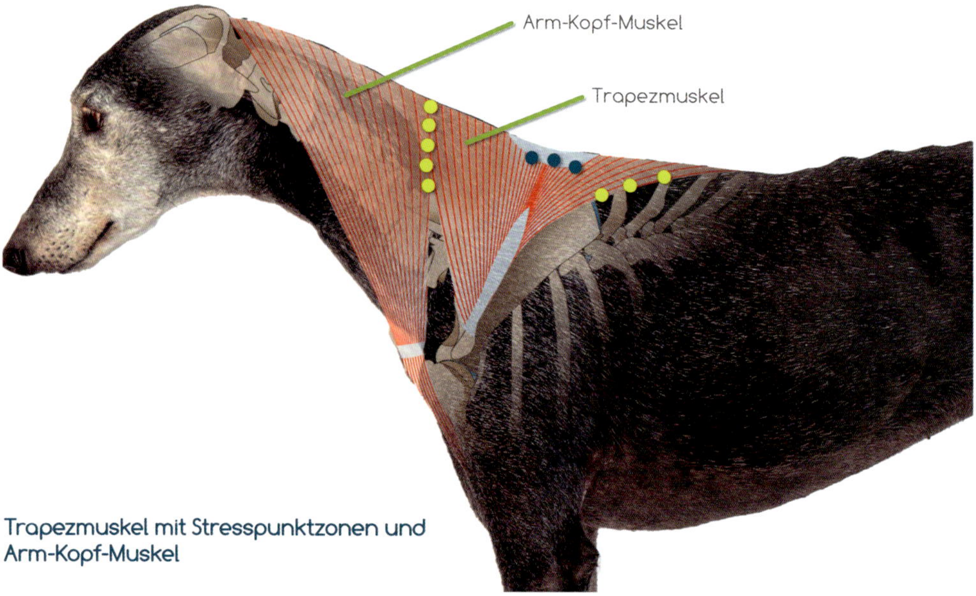

Trapezmuskel mit Stresspunktzonen und Arm-Kopf-Muskel

Anzeichen bei verspanntem Trapezmuskel

Schrittverkürzung
Zögern beim Sprung aufs Sofa / ins Auto
Probleme beim Bergabgehen
Kopfnicken zur gesunden Seite
Kopfhochhaltung im Trab und dadurch Hohlkreuz
Schlechte Koordination
Kraftverlust
Probleme in Wendungen
Schulterhochstand
Rotation der Wirbel und damit Fehlstellung der Wirbel
Vermeidung von Aktivitäten mit vermehrter Last nach vorne

Stresspunktlage

Aufgrund der stabilisierenden Funktion findet man beim Trapezmuskel häufig Stresspunkte, da beispielsweise durch Landungen nach Sprüngen im Hundesport oder aufgrund orthopädischer Probleme in der Hinterhand noch mehr Gewicht als normalerweise auf der Vorhand liegt. Es kommt zu Überlastungen in diesem Bereich und damit verbunden zu Verspannungen.

Die Stresspunkte erstrecken sich vom oberen Schulterblattrand bis zum hinteren Schulterblattwinkel und zeigen sich oftmals als feste Linie in diesem Bereich.

Stresspunktlage des Trapezmuskels

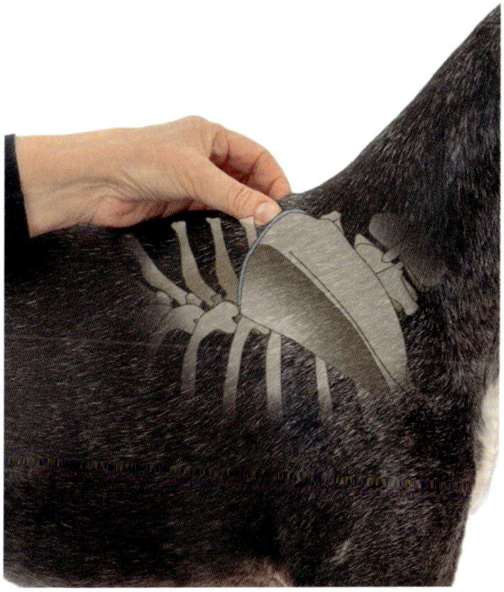

Ihr Hund steht, sitzt oder liegt, während Sie sich seitlich auf Schulterblatthöhe befinden. Der Daumen liegt oberhalb des Schulterblatts auf der Ihnen zugewandten Seite, während Ihre Finger auf der anderen Seite, gegenüber des Daumens, liegen. Tasten Sie dann mit dem Daumen den Bereich entlang der Schulterblattoberkante bis zum hinteren Schulterblattwinkel ab, wobei der Daumendruck in Richtung Ihrer Finger geht. Oftmals kann auch der darunter liegende Muskel, der Rautenmuskel (M. rhomboideus) Stresspunkte ausbilden. Sie liegen dann natürlich tiefer und es muss mehr Druck mit dem Daumen bei der Suche und Behandlung aufgebracht werden, um sie zu erreichen.

Darüber hinaus können weitere Stresspunkte zwischen dem Arm Kopf-Muskel und der Halsportion des Trapezmuskels liegen. Weitere Stresspunkte können sich an der Schnittstelle vom Trapezmuskel (Brustportion) und dem breiten Rückenmuskel befinden. Haben Sie einen Stresspunkt gefunden, kann der Hund den Hals senken, dem Druck ausweichen oder die Haut zuckt entlang der Hals-, Schulter- oder Rückenmuskulatur.

Stresspunktmassage

Vorbehandelt wird der Muskelbereich mit Streichungen und Knetungen. Danach gehen Sie erst in die Behandlung der Stresspunkte über.

Ihr Hund liegt auf der Seite, die betroffene Seite zeigt nach oben. Der Daumen wird auf den druckempfindlichen Punkt flach aufgelegt und reibt für maximal zwei Minuten quer zum Faserverlauf in die Tiefe des Gewebes. Sie können den Druck allmählich erhöhen, vorausgesetzt, Ihr Hund toleriert die Stärke. Die Arbeitsrichtung auf der Halsportion ist schräg nach oben und hinten (dorsokaudal) und auf der Brustportion schräg nach oben und vorne (dorsokranial). Am oberen Schulterblattrand bietet sich je nach Hundegröße auch eine Zirkelreibung mit dem Daumen an.

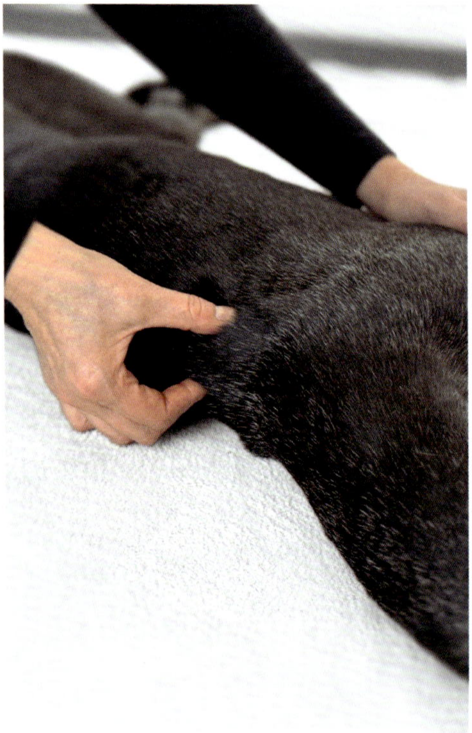

Zirkelreibungen am Trapezmuskel

Funktionelle Weichteiltechnik am Trapezmuskel (Halsportion)

Ihr Hund befindet sich in Seitenlage mit dem Bauch zu Ihnen. Mit der kopfnahen Hand greifen Sie unter seinem Bein durch und legen die Hand auf den vorderen Schulterblattrand. Das Vorderbein des Hundes ruht auf Ihrem Unterarm. Die andere Hand legt sich von oben kommend auf die Halswirbelsäule in Höhe des zweiten, dritten Halswirbels. Nun bewegen sich die Hände rhythmisch voneinander weg.

Wichtig

Bei der Weichteiltechnik am Trapezmuskel (Hals- und Brustportion) sind nur sehr kleine Bewegungen für maximal 90 Sekunden auszuführen.

Lassen Sie nach circa 90 Sekunden langsam mit dem Zug nach.

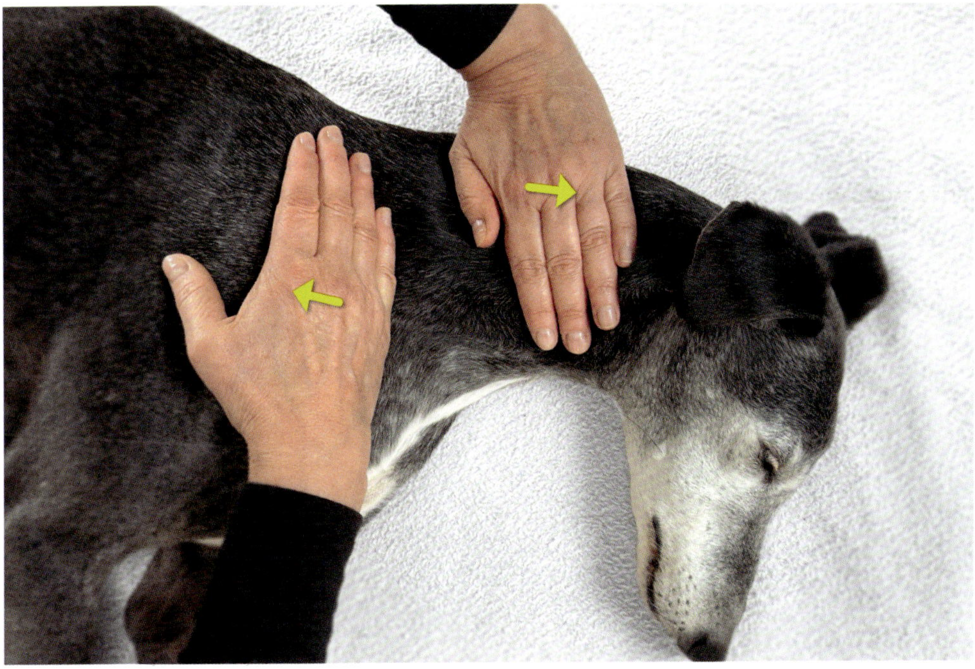

Funktionelle Weichteiltechnik am Trapezmuskel, Halsportion

Funktionelle Weichteiltechnik am Trapezmuskel (Brustportion)

Wieder greifen Sie mit der kopfnahen Hand von unten an den vorderen Schulterblattrand, die andere Hand legt sich nun aber an den hinteren Schulterblattrand. Die Hände liegen sich nicht genau gegenüber, sondern die hintere Hand liegt etwas höher als die vordere Hand. Die Hand hinten schiebt das Schulterblatt nun rhythmisch nach vorne, währen die vordere Hand das Schulterblatt rhythmisch nach hinten schiebt.

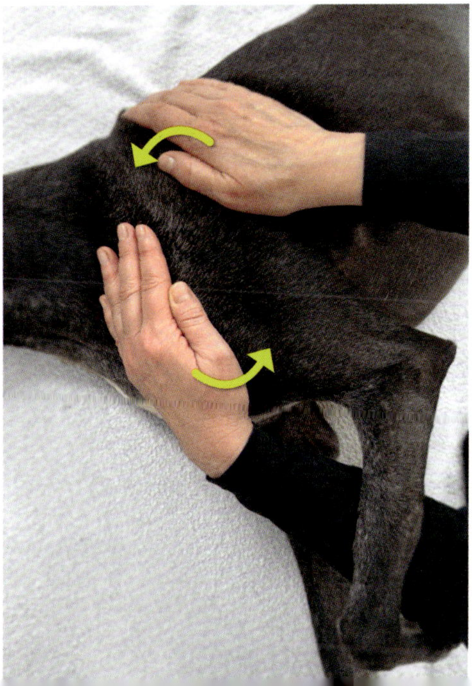

Funktionelle Weichteiltechnik am Trapezmuskel, Brustportion

Dehnung

Die Halsportion wird durch eine Rückführung der Vordergliedmaße gedehnt. Der Hund liegt auf der Seite mit dem Bauch zu Ihnen. Die kopfnahe Hand umgreift das Schultergelenk, die andere Hand umfasst den Oberarm von vorne oberhalb des Ellenbogengelenks.

Nun schiebt die Hand am Schultergelenk das Schulterblatt vorsichtig nach hinten, während die andere Hand die Gliedmaße zurückführt. Sobald eine leichte Spannung zu spüren ist, halten Sie die Position für 30 Sekunden bis maximal zwei Minuten.

Wichtig

Hat Ihr Hund Arthrose im Schultergelenk, müssen Sie vorsichtig bei der Dehnung vorgehen und langsam arbeiten. Hält Ihr Hund bei der Dehnung dagegen, unterlassen Sie die Übung und konsultieren einen Tierarzt oder Hundetherapeuten.

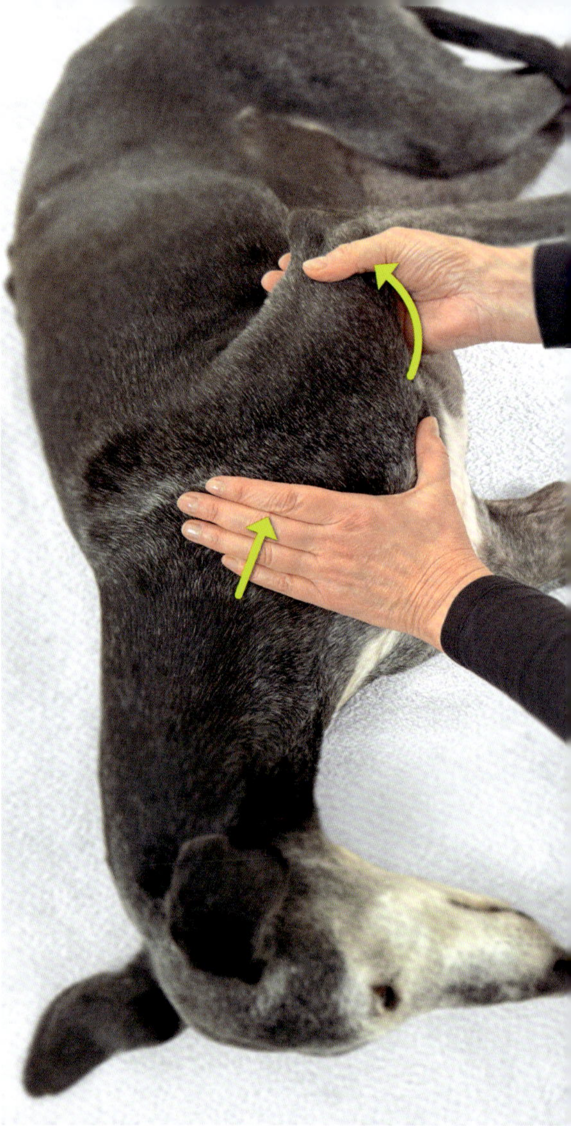

Dehnung des Trapezmuskels, Halsportion

Um den oberen (dorsalen) Anteil zu dehnen, gehen Sie folgendermaßen vor: Ihr Hund befindet sich auf der Seite mit dem Bauch zu Ihnen. Legen Sie zum Schutz eine Hand auf die Dornfortsätze der vorderen Brustwirbel. Die andere Hand umgreift den Unterarm des Hundes unterhalb des Ellenbogengelenks.

Wichtig

Bei Arthrose im Schulter- oder Ellenbogengelenk ist die Streckung eingeschränkt und muss bei der Dehnung berücksichtigt werden. Arbeiten Sie auf keinen Fall gegen die Schutzspannung des Hundes an.

Nun führen Sie das Vorderbein langsam zu sich heran, indem Sie vorsichtig das Schulter- und Ellenbogengelenk strecken. Der obere Schulterblattrand bewegt sich nun etwas in Ihre Richtung, wodurch die obere Aufhängung des Schulterblatts am Rumpf gedehnt wird.

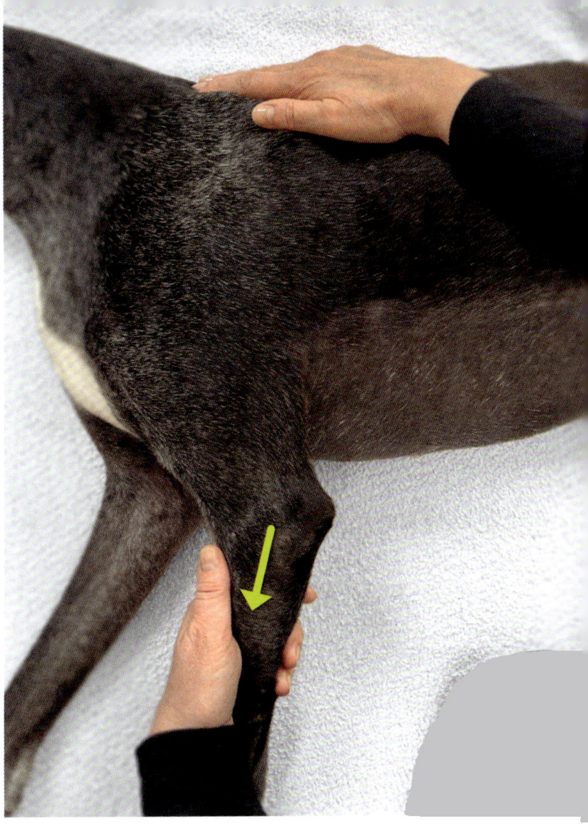

Dehnung des Trapezmuskels, dorsaler Anteil

Wichtig

Denken Sie daran, dass eine vollständige Streckung des Ellenbogengelenks physiologisch nicht möglich ist.

Mögliche Ursachen für Verspannungen des Trapezmuskels

Unpassende Halsbänder und Zuggeschirre
Springen (Landung)
Kriechen
Ballspielen
Mantrailing
Schutzdienst
Rennsport
Fehlstellung der Wirbel
Schwimmen
Hüten
Herzprobleme bei wiederkehrenden Stresspunkten auf der linken Seite

Gezahnter Muskel (M. serratus ventralis)

Der gezahnte Muskel ist zusammen mit dem tiefen Brustmuskel ein Rumpfträger. Er setzt sich aus einer Hals- und einer Brustportion zusammen. Der Halsanteil wird vom Trapezmuskel bedeckt und der Brustanteil vom breiten Rückenmuskel. Die Halsportion entspringt an den Querfortsätzen des dritten bis siebten Halswirbels. Die Brustportion entspringt an der ersten bis achten Rippe (manchmal auch noch an der neunten und zehnten Rippe). Beide Anteile setzen innen am Schulterblatt an. Der Muskel bewegt das Schulterblatt und den Rumpf. Ist die Gliedmaße fixiert, hebt er den Hals und kann auch den Hals zur Seite bewegen. Außerdem hilft der Muskel beim Einatmen.

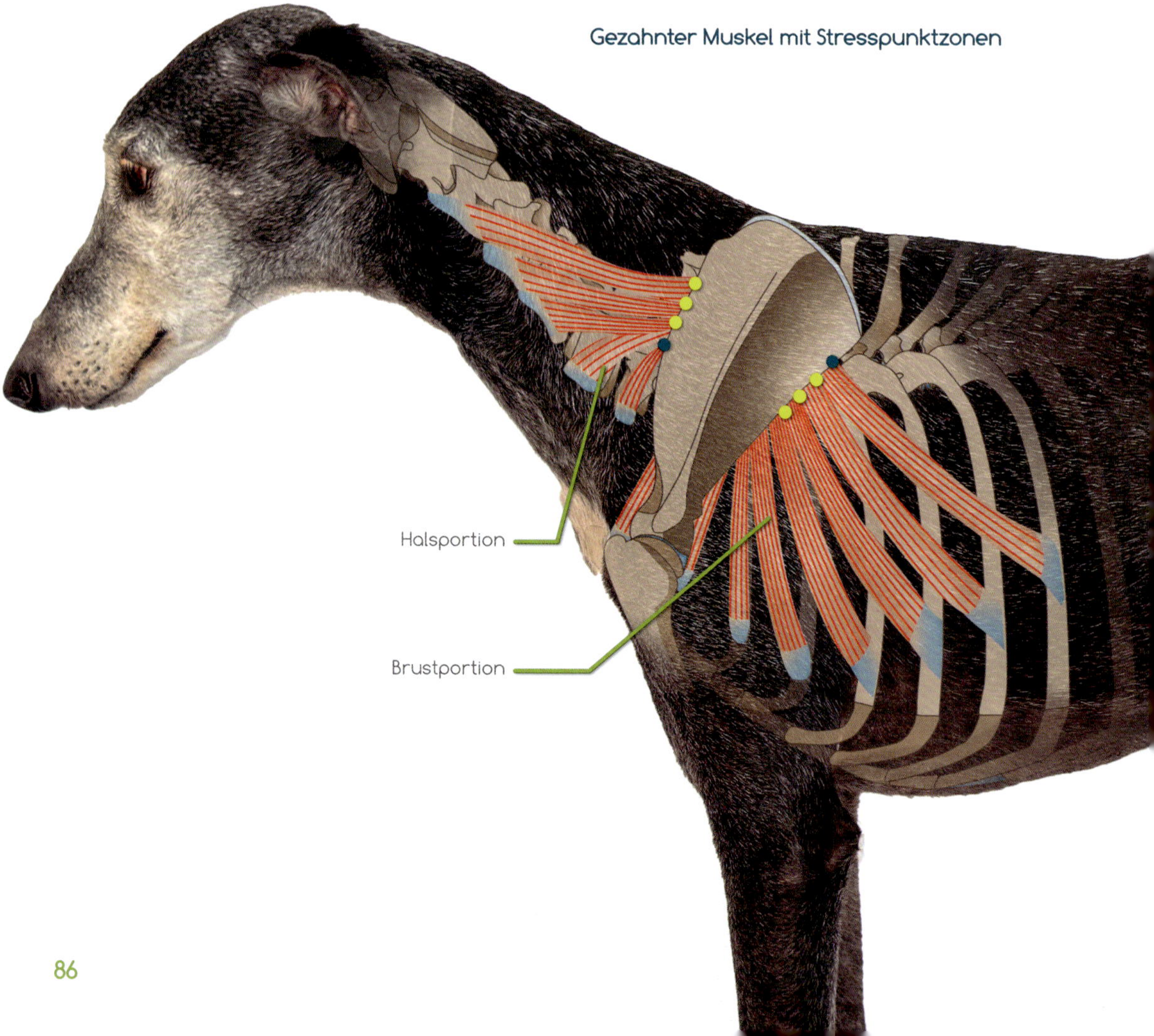

Anzeichen bei Verspannungen des gezahnten Muskels

Verkürzte Schrittlänge
Staksiger Gang
Schulter steht steiler (bei Verspannungen in der Halsportion)
Schulter steht flacher (bei Verspannungen in der Brustportion)
Schlechtere Stoßdämpferfunktion und damit Auswirkung auf Gliedmaße
Vermeiden von Sprüngen und Wendungen
Verminderte Körpertiefstellung während der Arbeit, beispielsweise bei Hütehunden

Stresspunktlage

Wenn Sie ungefähr zwei Drittel von oben am vorderen Schulterblattrand längs fahren und dort mit leichtem Druck in Richtung unter das Schulterblatt gleiten, erreichen Sie die Halsportion des gezahnten Muskels. Weitere Stresspunkte können sich im oberen Schulterblattbereich in der Tiefe befinden, sind aber dort schwer zu erreichen.

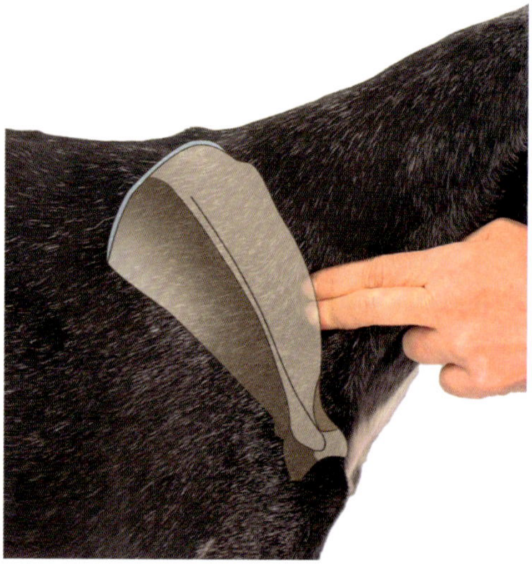

Stresspunktlage des gezahnten Muskels, Halsportion

Stresspunkte der Brustportion sind am hinteren Schulterblattrand im unteren Bereich zu finden. Suchen Sie den hinteren Schulterblattwinkel auf und tasten Sie mit flachen Fingern leicht unterm Rand vorsichtig in die Tiefe gehend nach Stresspunkten. Die Stresspunkte bauen hier sehr schnell eine Verquellung auf.

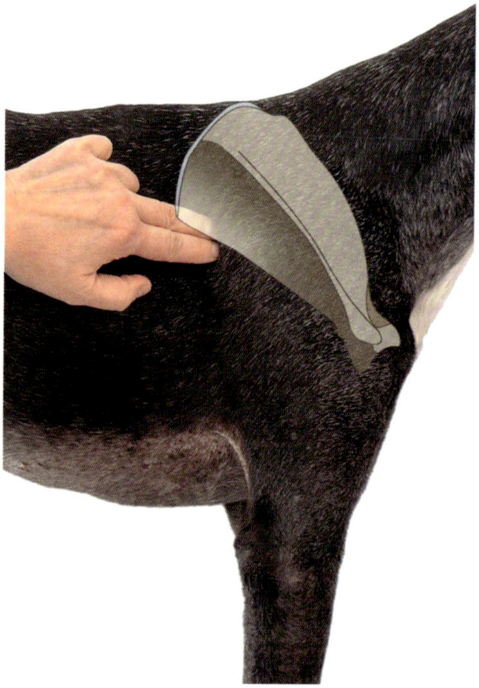

Stresspunktlage des gezahnten Muskels, Brustportion

Wichtig

Stresspunkte in dieser Region können sehr schmerzhaft sein, sodass der Hund mit deutlicher Abwehr reagieren kann. Seien Sie hier besonders vorsichtig. Sind die Beschwerden geringer, beugt er die Gliedmaße und weicht dem Druck aus.

Stresspunktmassage

Da der gesamte Muskelbereich am vorderen Schulterblattrand oftmals sehr verspannt ist, ist es nicht immer möglich, die Fingerkuppen etwas unter das Schulterblatt zu schieben. Der gesamte Bereich sollte daher zunächst mit Streichungen massiert werden. Ihr Hund befindet sich in Brust-Bauch-Lage. Sie sind seitlich neben ihm auf Schulterhöhe. Drehen Sie Ihre Hände so, dass die Handflächen nach außen zeigen und legen Sie sie nun vor die linke und rechte Schulter. Ihre Daumen zeigen nach hinten und Ihre Finger nach unten.

Nun streichen Sie den vorderen Schulterblattrand mit der Zeigefingerkante nach oben aus. Oben angekommen, gehen Sie in die Ausgangsposition zurück und beginnen von vorne. Das machen Sie so lange, bis das Gewebe nachgibt und Sie beim Massieren die Zeigefingerkante etwas unter das Schulterblatt schieben können. Ist die Muskulatur sehr fest, werden Sie zur Entspannung mehrere Behandlungen benötigen und erst danach zur Stresspunktmassage übergehen können.

Die hintere Region wird zunächst mit den Fingern flächig ausgestrichen und mit anschließender Fingerknetung weiter behandelt.

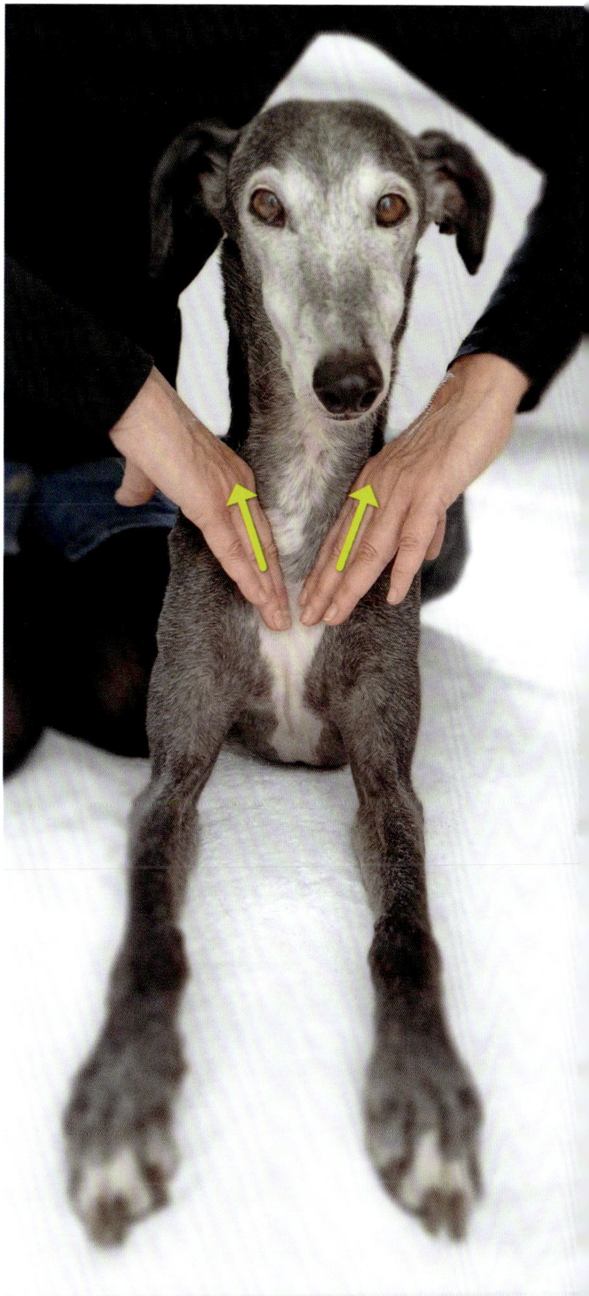

Streichungen am vorderen Schulterblattrand

Mit Reibungen quer zum Muskelfaserverlauf geht die Bewegungsrichtung auf der Halsportion schräg nach oben und vorne (dorsokranial) und auf der Brustportion schräg nach oben und hinten (dorsokaudal) in die Tiefe.

Versuchen Sie jeweils bei der Querfriktion unter den vorderen beziehungsweise hinteren Schulterblattrand zu gelangen.

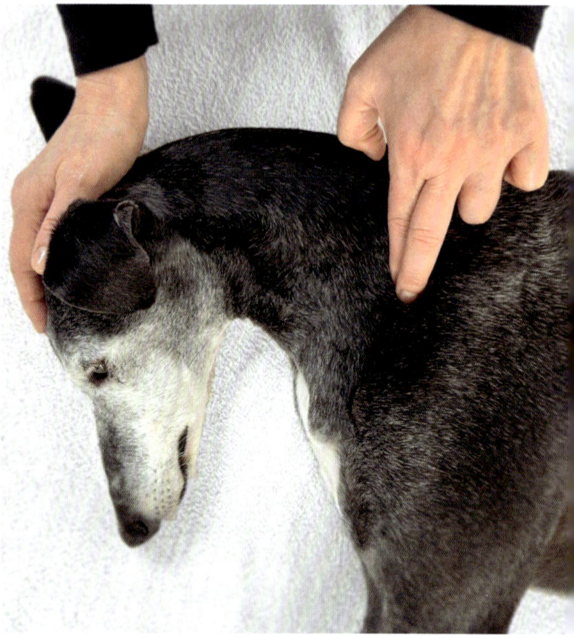

Querfriktion am gezahnten Muskel, Halsportion

Querfriktion am gezahnten Muskel, Brustportion

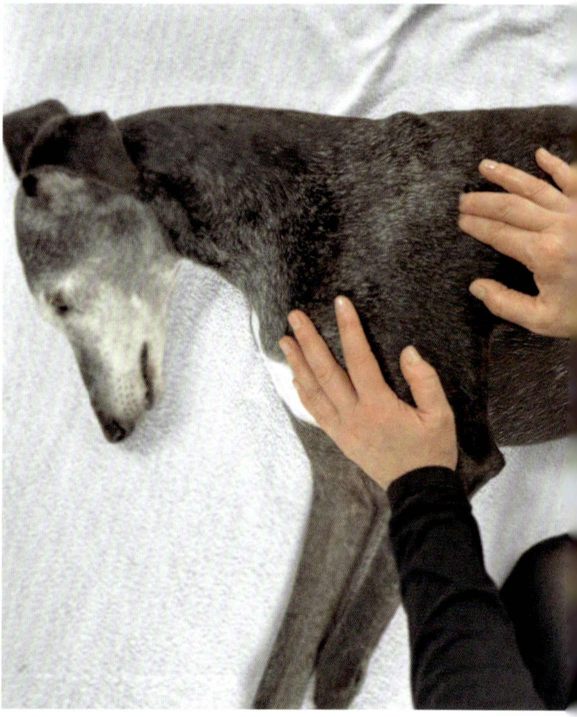

Wichtig

Arbeiten Sie mit wohldosiertem Druck und achten Sie immer auf die Reaktion des Hundes.

Dehnung

Der Hund liegt auf der Seite mit dem Bauch zu Ihnen. Greifen Sie unter der Vordergliedmaße durch und umfassen von unten das Schultergelenk. Die Gliedmaße liegt dabei auf Ihrem Unterarm. Mit der anderen Hand umfassen Sie von oben das Schulterblatt.

Nun schieben Sie das Schulterblatt mit der unteren Hand nach oben, während Sie es gleichzeitig mit der oberen Hand nach hinten drehen. Halten Sie die Position beim ersten Widerstand für mindestens 30 Sekunden und gehen dann langsam in die Ausgangsposition zurück.

Zum Dehnen der Brustportion ist die Handanlage identisch. Auch hier schieben Sie mit der unteren Hand das Schulterblatt nach oben, während Sie es aber nun gleichzeitig mit der oberen Hand nach vorne drehen. Sobald eine leichte Spannung zu spüren ist, halten Sie die Position für 30 Sekunden bis maximal zwei Minuten.

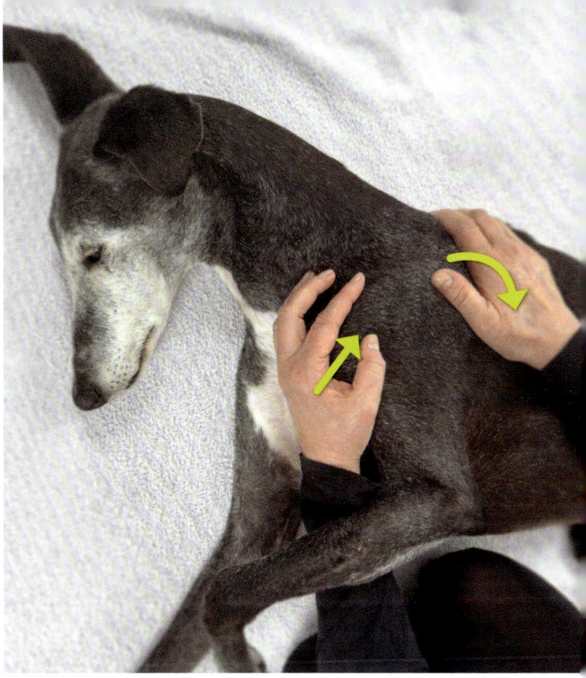

Dehnung des gezahnten Muskels, Halsportion

Dehnung des gezahnten Muskels, Brustportion

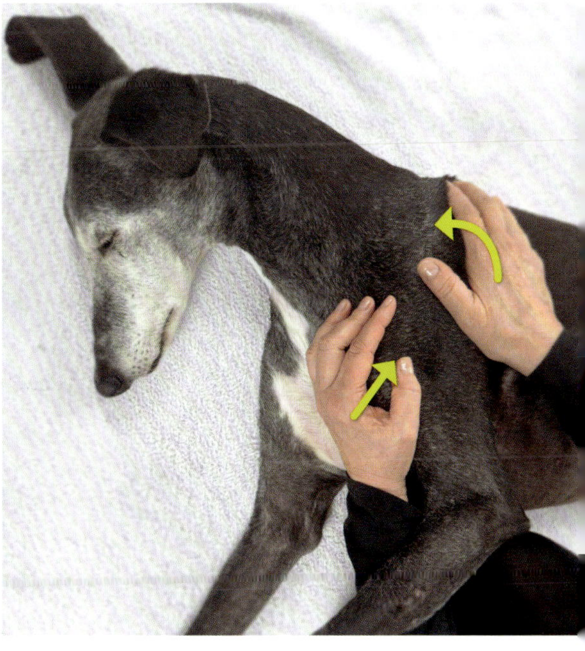

Wichtig

Achten Sie bei der Dehnung der Hals- und Brustportion unbedingt auf den ersten Widerstand, da das Schulterblatt nur muskulär mit dem Rumpf in Verbindung steht.

Mögliche Ursachen für Verspannungen des gezahnten Muskels

Übergewicht	*Flyball*
Nicht gepolsterte oder unpassende Brust- und Zuggeschirre	*Frisbee*
Bodycheck	*Agility*
Enge Wendungen und Drehungen	*Hüten*
Sprünge	*Zughundesport*
Trächtigkeit	*Blockierte Rippen*

Brustmuskulatur (Mm. pectorales)

Sie setzt sich aus den oberflächlichen Brustmuskeln (Mm. pectorales superficiales) und dem wichtigsten Rumpfträger, dem tiefen Brustmuskel (M. pectoralis profundus) zusammen. Die oberflächliche Schicht ist nochmals in einen absteigenden Ast und einen quer verlaufenden Ast unterteilt. Beide Anteile verlaufen vom Brustbein bis innen zum Oberarm. Der quer verlaufende Anteil strahlt zusätzlich noch in die Unterarmfaszie ein.

Die oberflächliche Muskulatur verbindet das Bein mit dem Rumpf und zieht es an den Rumpf heran (Adduktion). Je nach Stellung des Schultergelenks sind die Muskeln an der Vor- und Rückführung der Gliedmaße beteiligt.

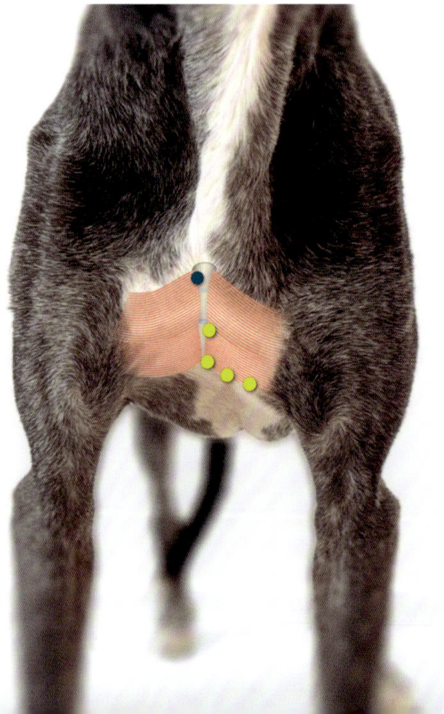

Oberflächliche Brustmuskulatur mit Stresspunktzonen

Anzeichen bei verspannten Brustmuskeln

Enger Gang
Ellenbogen wird an den Rumpf gezogen
Nach außen gedrehte Pfoten
Laufen auf den äußeren Zehen vorne
Zehen werden gespreizt, dadurch erscheinen die Pfoten platt
Verkürzte Schritte
Probleme in Wendungen

Stresspunktlage

Ihr Hund steht oder sitzt, Sie befinden sich auf der zu untersuchenden Seite auf Höhe der Schulter. Suchen Sie das obere Ende des Brustbeins auf und legen den Daumen seitlich und etwas unterhalb an den nicht verknöcherten vorderen Abschnitt (Habichtsknorpel). Zur Stabilisierung können Sie die Finger auf die andere Seite legen und geben dann einen Druck in Richtung Brustbein.

Tasten Sie zusätzlich den Muskelverlauf vom Brustbeinanfang bis ungefähr zur Mitte des Oberarms nach Verspannungen und Schmerzhaftigkeit ab.

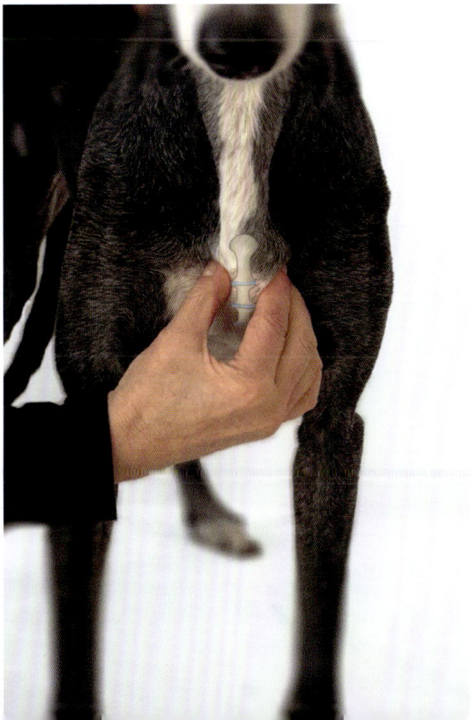

Stresspunktlage des Brustmuskels, absteigender Ast

Stresspunktmassage

Die Brustmuskulatur fühlt sich meist im gesamten Verlauf angespannt an und sollte daher mit klassischer Massage ausgiebig vorher behandelt werden.

Ihr Hund liegt auf der Seite mit dem Rücken zu Ihnen. Umgreifen Sie mit einer Hand das Ellenbogengelenk, indem Sie von vorne Ihren Arm unter das Vorderbein schieben und so die Gliedmaße auf Ihrem Unterarm ruhen kann. Spreizen Sie vorsichtig das Bein leicht ab (Abduktion) und streichen zunächst mit der flachen Hand beziehungsweise mit den Fingern das Brustbein mehrmals quer oder längs des Muskelfaserverlaufs entlang.

Wichtig

Abduzieren Sie die Gliedmaße so wenig wie möglich, sodass Sie je nach Größe des Hundes eine Hand oder nur ein paar Finger zwischen die Vorderbeine auf das Brustbein legen können.

Anschließend gehen Sie in Knetungen über. Sie umgreifen wie gehabt den Ellenbogen und spreizen die Gliedmaße leicht ab. Mit dem Handballen der anderen Hand schieben Sie nun die Brustmuskulatur Richtung Brustbein und mit den Fingern wieder zurück.

Wichtig

Achten Sie darauf, dass Sie keinen Druck auf das Brustbein geben, sondern nur das Gewebe verschieben. Vergessen Sie nicht, Streichungen zwischendurch einfließen zu lassen.

Knetungen der Brustmuskulatur. Beim Windhund lässt sich die Gliedmaße vergleichsweise weit vom Rumpf abduzieren.

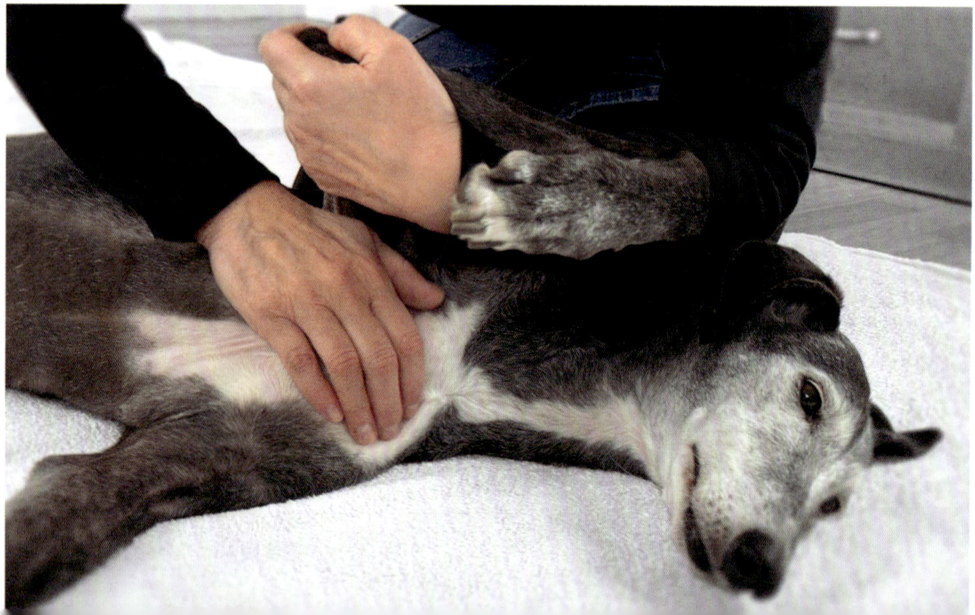

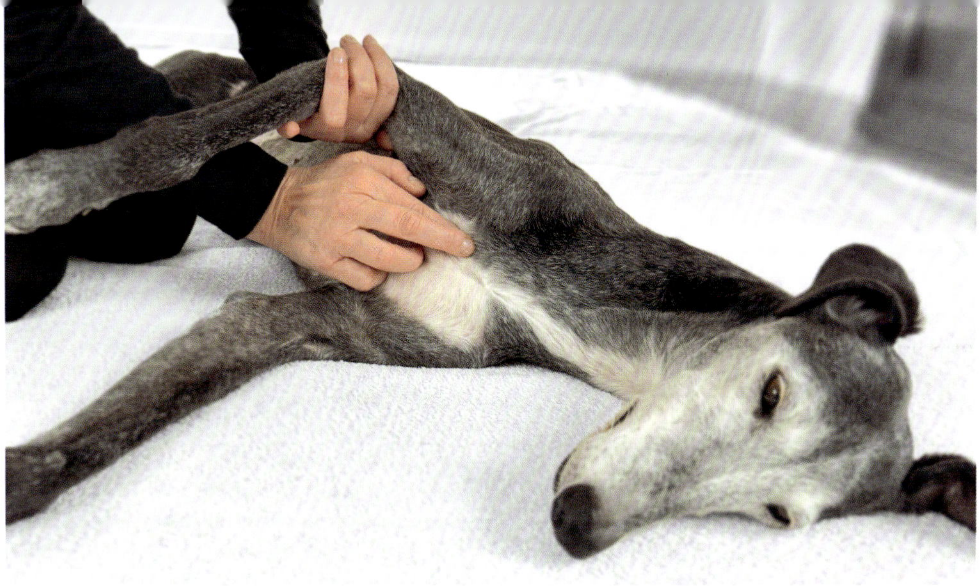

Querfriktion an der Brustmuskulatur mit leicht gebeugtem Schultergelenk

Wurde das Gewebe mit der klassischen Massage gut behandelt, legen Sie den Zeigefinger, unterstützt durch den Mittelfinger, auf die jeweiligen Stresspunkte und reiben die Muskelfasern quer zu ihrem Verlauf. Bei gestrecktem Schultergelenk geht die Querfriktion nach vorne (kranial), bei gebeugtem Schultergelenk wird die Querfriktion nach hinten (kaudal) ausgeführt.

Schüttelungen der Vordergliedmaße

Sanfte Schüttelungen entspannen die gesamte Schultergürtelmuskulatur und somit auch die Brustmuskeln. Ihr Hund liegt auf der Seite mit dem Bauch zu Ihnen. Umgreifen Sie das Ellenbogengelenk mit der einen Hand und das Handgelenk mit der anderen Hand. Führen Sie bei leicht gestrecktem Bein sanfte und langsame Schüttelungen mit der Hand am Ellenbogen aus, während die andere Hand die Gliedmaße stabilisiert.

Wichtig

Ihr Hund darf nicht dagegen spannen.

Schüttelungen der Vordergliedmaße

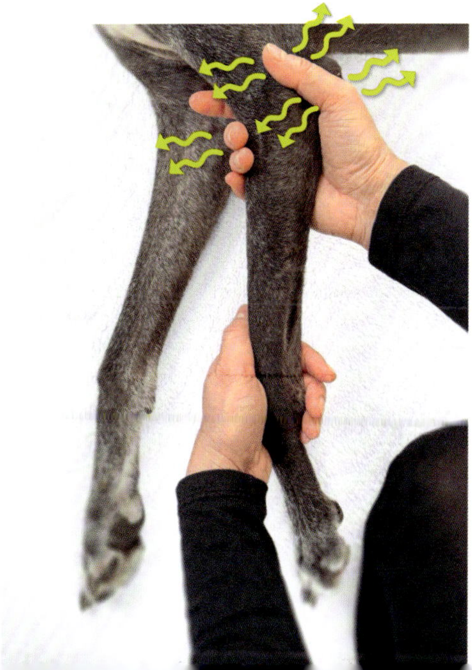

Faszienlift der Unterarmfaszie

Der quer verlaufende Ast des Brustmuskels strahlt in der Gegend des Ellenbogengelenks in die Unterarmfaszie ein. Verspannungen können sich somit auch auf die Faszie übertragen. Sie beginnen unterhalb des Handgelenks und legen Ihre Finger seitlich an die Mittelhandknochen. Bauen Sie nun einen leichten Druck auf, schieben das Gewebe unter Ihren Fingern ein kleines Stück nach oben bis zum ersten Widerstand und halten die Position für zehn Sekunden. Danach lösen Sie den Griff und legen die Finger etwas weiter oben wieder an, bauen sanft Druck auf und verschieben nun diesen Gewebebereich bis zum ersten Widerstand. Halten Sie die Position wieder für zehn Sekunden. So arbeiten Sie sich Stück für Stück gegen die Fellrichtung bis zum Ellenbogengelenk vor.

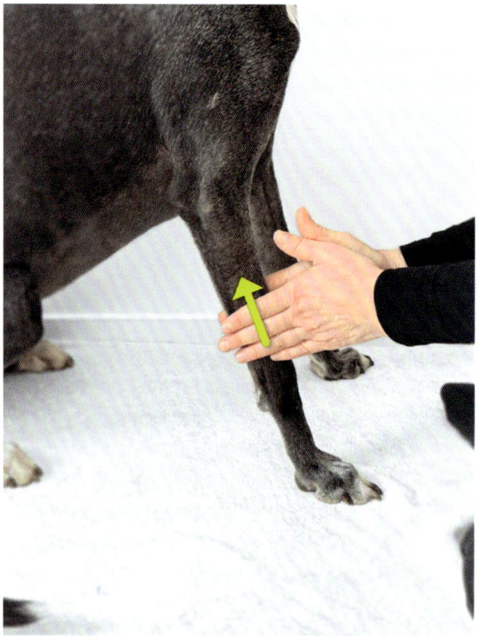

Faszienlift der Vordergliedmaße, hier bereits am Unterarm angekommen.

Dehnung

Die Dehnung der oberflächlichen Brustmuskulatur wird durch das vorsichtige Abspreizen der Gliedmaße bei gleichzeitiger Beugung (absteigender Ast) beziehungsweise Streckung (querverlaufender Ast) im Schultergelenk erreicht. Um das Bein vom Körper abzuspreizen, liegt der Hund in Seitenlage mit dem Rücken zu Ihnen. Die kopfnahe Hand umgreift von vorne kommend innen den Oberarm, die andere Hand liegt vorne am Brustbein.

Nun strecken Sie mit der Hand am Oberarm etwas das Schultergelenk und spreizen gleichzeitig die Gliedmaße leicht vom Körper ab, während die andere Hand das Brustbein fixiert. Halten Sie die Dehnung für mindestens 30 Sekunden und gehen dann langsam in die Ausgangsstellung zurück.

Wollen Sie den absteigenden Ast der Brustmuskulatur dehnen, wird die Gliedmaße bei gleichzeitiger Beugung im Schultergelenk abgespreizt. Hierzu umgreifen Sie mit der kopffernen Hand von hinten kommend innen den Oberarm, die andere Hand liegt vorne am Brustbein. Nun beugen Sie mit der Hand am Oberarm das Schultergelenk und spreizen gleichzeitig die Gliedmaße leicht vom Körper ab, während die andere Hand das Brustbein fixiert.

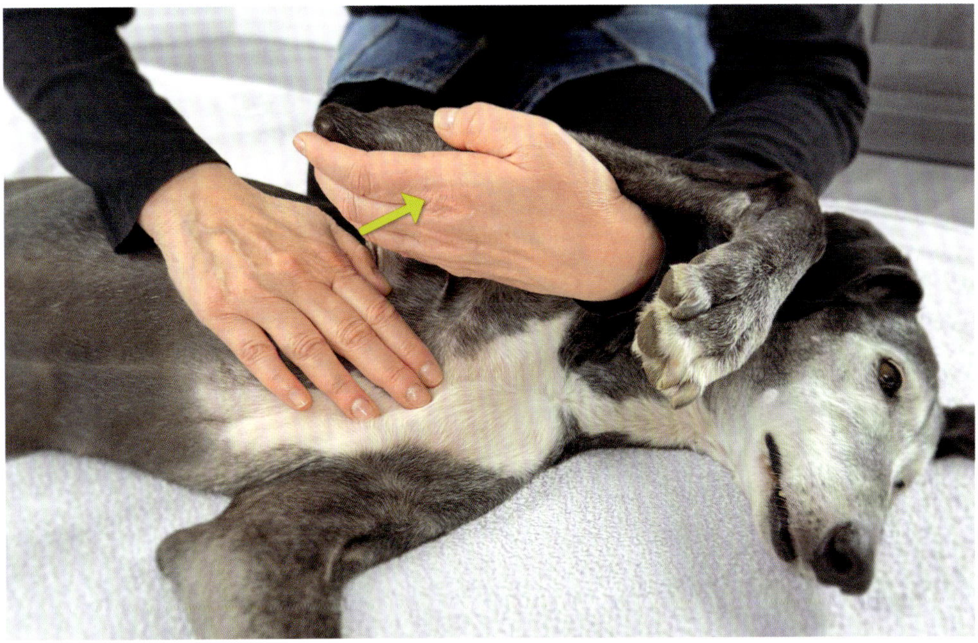

Dehnung der Brustmuskulatur, querverlaufender Ast

Mögliche Ursachen für Verspannungen der Brustmuskulatur

Übergewicht	*Klettern / Sprünge*
Ziehen an der Leine	*Überlastung der Adduktoren beim Sport, wie der Ein-Bein-Technik im Slalom, Wendungen im Sprung*
Ungepolstertes und/oder unpassendes Brustgeschirr	*Zughundesport*

Breiter Rückenmuskel (M. latissimus dorsi)

Der breite Rückenmuskel liegt seitlich am Brustkorb über den Rippen. Der vordere Muskelrand wird vom Trapezmuskel (Brustanteil) bedeckt. Der breite Rückenmuskel kommt aus der Brust-Lenden-Faszie und zieht in die Oberarmfaszie. Er ist ein Gegenspieler des Arm-Kopf-Muskels und damit ein Rückzieher der Vordergliedmaße. Wenn das Bein auf dem Boden steht, also fixiert ist, zieht der Muskel den Rumpf nach vorne.

Breiter Rückenmuskel mit Stresspunktzonen und Trapezmuskel (Brustportion)

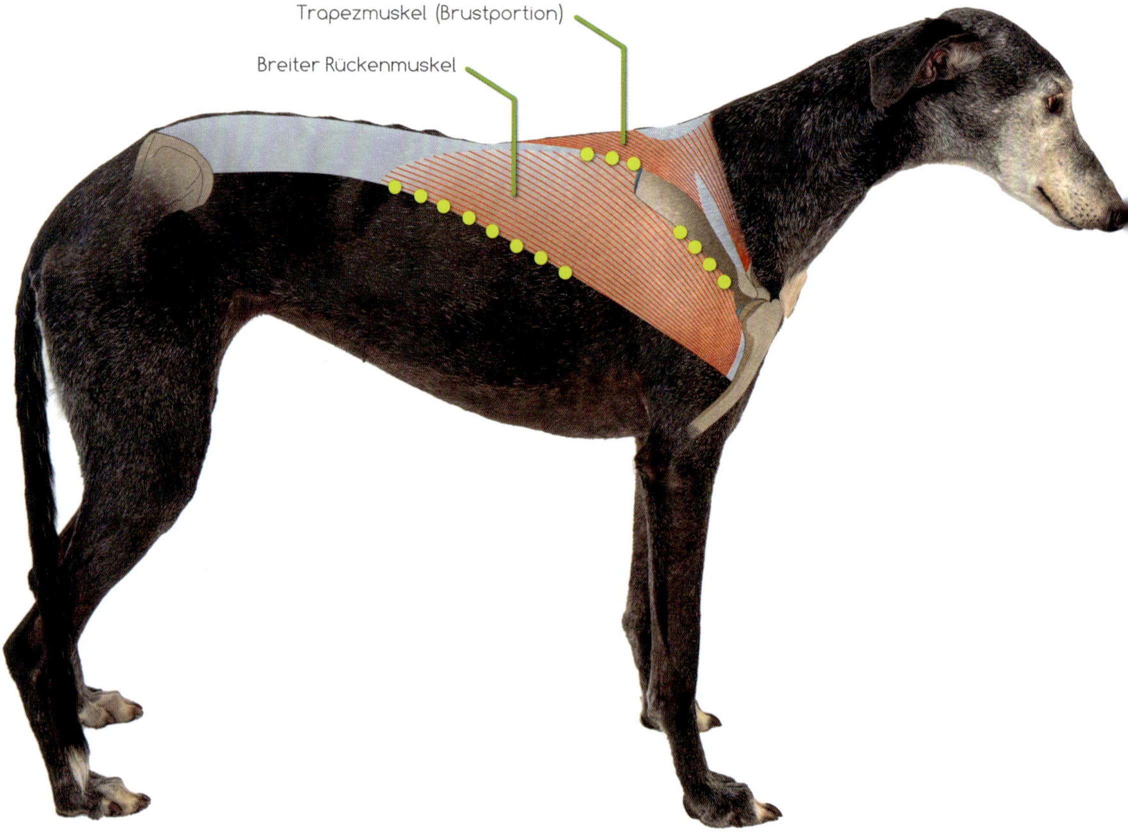

Anzeichen bei Verspannungen des breiten Rückenmuskels

Kurze Schritte	*Berührungsempfindlich im Rippenbereich*
Steifer Gang	*Probleme beim Atmen*
Fußung stärker auf dem hinteren Ballenbereich	*Probleme in Wendungen*
Hohlkreuz	

Stresspunktlage

Die Stresspunkte im Zwischenrippenraum sind sehr klein und nur mit viel Erfahrung zu finden. Schieben Sie das Gewebe im Zwischenrippenraum, ohne viel Druck auszuüben, von unten an die Muskelkante und versuchen Sie leicht unter den Muskelrand zu kommen. Entlang der Muskelkante im Zwischenrippenraum können sich Stresspunkte zeigen. Bei Verspannungen sehen Sie möglicherweise ein Zucken entlang der seitlichen Brust und Ihr Hund versucht sich dem Druck zu entziehen. Weitere Stresspunkte können sich im angrenzendem Bereich zum Trapezmuskel (Brustportion) und zum langen Kopf des dreiköpfigen Oberarmmuskels bilden.

Stresspunktlage des breiten Rückenmuskels

Stresspunktmassage

Ihr Hund liegt auf der Seite mit dem Bauch zu Ihnen. Sie befinden sich mittig vom Hund. Beginnen Sie mit sanften Streichungen der seitlichen Brustwand.

> **Wichtig**
>
> *Der breite Rückenmuskel ist häufig von Verspannungen betroffen und sollte daher generell in eine Behandlung mit einbezogen werden.*

Legen Sie Ihre flachen Hände nebeneinander hinter das Schulterblatt und streichen dann mehrmals den Muskel unabhängig vom Faserverlauf Richtung Kruppe langsam aus.

> **Wichtig**
>
> *Achten Sie unbedingt darauf, dass sich Ihre Finger nicht auf den Rippen befinden, sondern nur dazwischen liegen und sich nicht in das Gewebe bohren. Halten Sie daher Ihre Finger nicht zu steil und massieren Sie mit den Fingerkuppen. Ihr Hund sollte die Behandlung trotz der Intensität genießen. Reagiert er mit Abwehr, versuchen Sie es mit geringerem Druck. Sollte Ihr Hund trotzdem nicht entspannen, konsultieren Sie einen Therapeuten.*

Danach formen Sie Ihre Finger ähnlich einer Harke und legen die Fingerkuppen jeweils in einen Zwischenrippenraum nahe der Wirbelsäule.

Nun streichen Sie die Muskelbereiche zwischen den Rippen langsam mit wenig Druck aus, indem Sie die gespannt-gebogenen Finger von oben kommend Richtung Brustbein ziehen. Unten angekommen, gleiten Sie ohne Druck in die Ausgangsstellung zurück und streichen erneut die Zwischenrippenmuskeln aus. Massieren Sie den Bereich so lange, bis sich die Muskulatur zwischen den Rippen elastisch unter Ihren Fingerkuppen anfühlt. Lassen Sie zwischen dem Massagegriff immer wieder beruhigende Streichungen einfließen.

Streichungen der Zwischenrippenmuskulatur

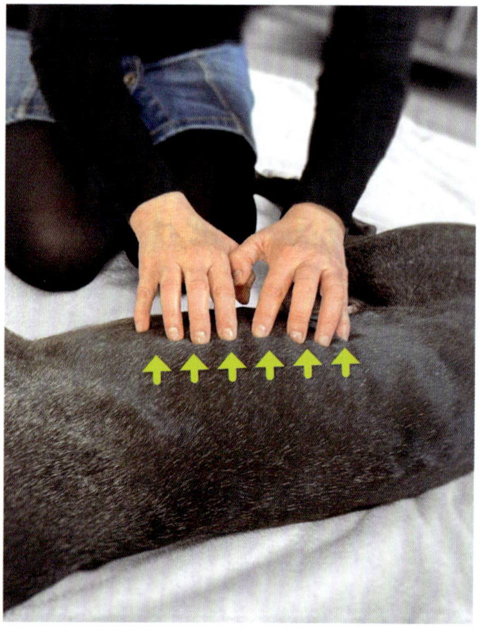

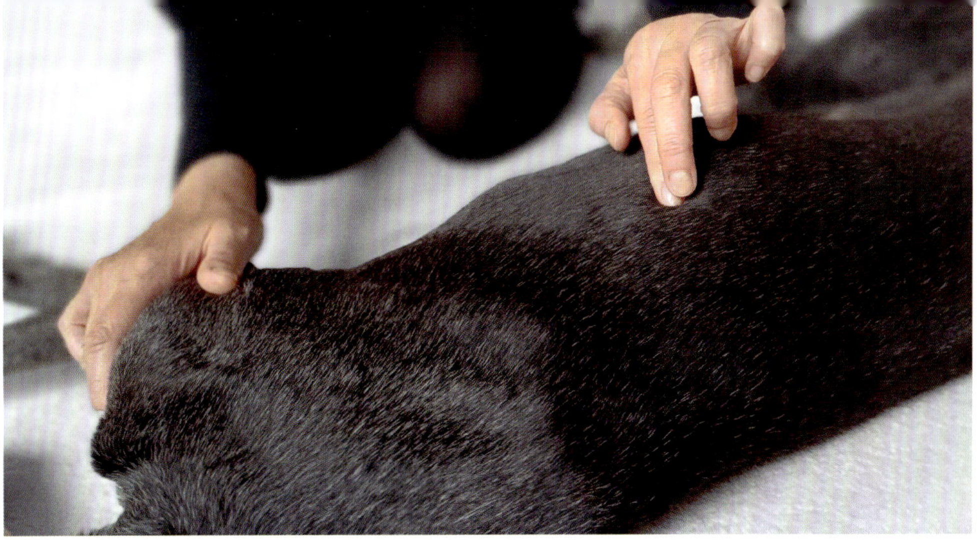

Querfriktion am breiten Rückenmuskel

Zur Behandlung der Stresspunkte legen Sie ihren Zeigefinger auf den Punkt und üben eine Friktion quer zum Faserverlauf aus. Die Arbeitsrichtung ist hier schräg nach oben und vorne (dorsokranial).

Entspannung der Brust-Lenden-Faszie

Die Brust-Lenden-Faszie dient dem breiten Rückenmuskel als Ursprung. Verspannungen der Faszie treten häufig auf und können sich auf den breiten Rückenmuskel übertragen. Um die Faszie zu entspannen, kann Ihr Hund in Brust-Bauch-Lage oder auf der Seite liegen. Sie befinden sich in einer stabilen Position auf Höhe des hinteren Rückenbereichs daneben. Legen Sie die kopfnahe Hand quer auf den Übergang zwischen Brust- und Lendenwirbelsäule. Orientieren Sie sich dabei an der letzten Rippe. Wenn Sie mit dem Finger dem Bogen der letzten Rippe Richtung Wirbelsäule folgen, sind Sie mit der Hand auf der richtigen Höhe. Die andere Hand legen Sie längs auf das Kreuzbein mit den Fingern zum Kopf zeigend. Ihr Handballen liegt am Rutenansatz. Die Hand auf den Lendenwirbeln fixiert den Bereich, während die andere Hand auf dem Kreuzbein einen leichten Zug Richtung Rute bis zum ersten Widerstand ausübt. Gleiten Sie dabei nicht einfach über das Fell, sondern bewegen Sie das Gewebe unter Ihrer Hand mit. Bleiben Sie in der Position, bis Sie merken, dass der Gewebezug zwischen Ihren Händen nachlässt.

Wichtig

Geben Sie keinesfalls Druck von oben auf die Wirbelsäule. Es wird lediglich ein Zug in Längsrichtung ohne Druck in die Tiefe ausgeübt.

Entspannung der Brust-Lenden-Faszie

Lokale Entspannungstechnik am Stresspunkt

Diese Technik wird direkt am Stresspunkt ausgeführt. Hierzu legen Sie jeweils einen Finger vor und hinter den Stresspunkt und ziehen dann die Finger bis zum ersten Widerstand längs des Faserverlaufs auseinander. Die Position wird so lange gehalten, bis die Spannung des Gewebes nachlässt.

Lokale Entspannungstechnik am Stresspunkt

Dehnung

Der breite Rückenmuskel wird durch das Vorführen der Vordergliedmaße gedehnt. Wenn Sie die rechte Seite dehnen wollen, liegt Ihr Hund entspannt auf seiner linken Seite mit dem Rücken zu Ihnen. Legen Sie Ihre linke Hand auf den vorderen Schulterblattrand. Mit dieser Hand fixieren Sie die Schulter, um eine weiterlaufende Bewegung beim Vorführen des Vorderbeins zu verhindern. Üben Sie keinen Druck aus und stützen Sie sich nicht auf dem Hund ab. Die andere Hand umgreift locker den Oberarm oberhalb des Ellenbogens und führt nun vorsichtig und langsam das Vorderbein nach vorne. Halten Sie die Position für mindestens 30 Sekunden.

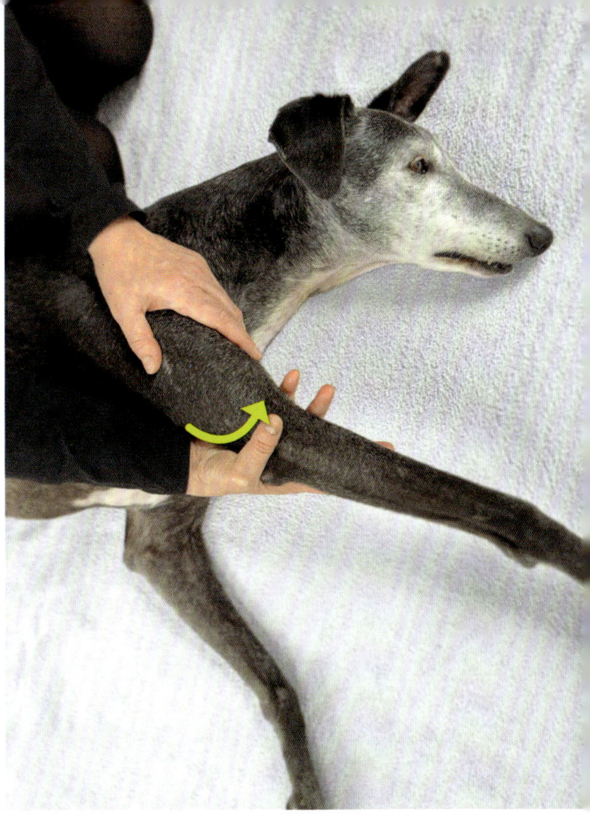
Dehnung des breiten Rückenmuskels

Wichtig

Bei Arthrose im Schulter- oder Ellenbogengelenk ist die Streckung eingeschränkt. Arbeiten Sie auf keinen Fall gegen die Schutzspannung des Hundes an.

Mögliche Ursachen für Verspannungen des breiten Rückenmuskels

Rippenprellungen
Ältere Hunde
Schutzdienst
Vorstehen (Jagd)
Enge, schlecht sitzende und/oder nicht gepolsterte Brustgeschirre
Atemwegserkrankungen
Verklebungen der Brust-Lenden-Faszie

3. Eigenmuskeln der Schultergliedmaße

Bei der Eigenmuskulatur der Schultergliedmaße ist der Ursprung und Ansatz ausschließlich an der Gliedmaße. Beim Sitz-Platz-Sitz-Wechsel wird nicht nur die gesamte Schultergürtelmuskulatur trainiert, auch die Eigenmuskulatur der Schultergliedmaße muss mitarbeiten, insbesondere der dreiköpfige Oberarmmuskel wird zur Stabilisierung stark gefordert. Der Rücken wird indirekt gekräftigt. Seitwärtsgehen oder Slalomlaufen fördert die Muskulatur, die das Bein vom Rumpf abspreizt (Abduktoren) oder an den Rumpf heranzieht (Adduktoren). Isometrische Übungen kräftigen die gesamte Vorhandmuskulatur: Legen Sie dazu Ihre Hand auf das Schulterblatt und üben einen leichten Druck auf die gegenüberliegende Seite aus, ohne dass der Hund das Gleichgewicht verliert.

Obergrätenmuskel (M. supraspinatus)

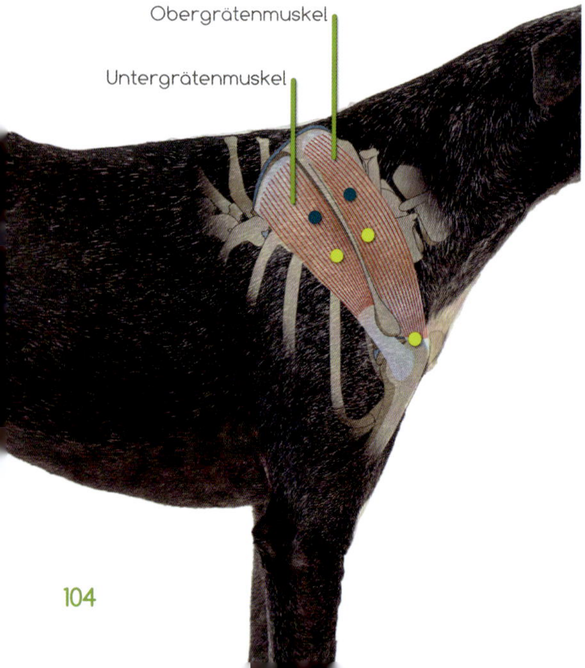

Der Obergrätenmuskel entspringt flächig auf dem Schulterblatt vor der Schulterblattgräte und setzt an der vorderen Seite oben am Oberarm an. Er wird vollständig vom Halsanteil des Trapezmuskels und dem Schulter-Hals-Muskel bedeckt. Der Obergrätenmuskel streckt das Schultergelenk und stabilisiert vorne die Gliedmaße zusammen mit dem zweiköpfigen Armmuskel. Daher kommt es oft zu Problemen in der Muskulatur, da in der Bewegung viel Haltearbeit geleistet werden muss.

Obergrätenmuskel und Untergrätenmuskel mit Stresspunkten

Anzeichen bei verspanntem Obergrätenmuskel

Kurze Schritte
In Wendungen wird die Führhand nicht gewechselt
Vermeidung der Schulterbeugung
Probleme beim Bergabgehen
Schultergliedmaße wird unter Belastung nach außen gestellt
Diagonales Laufen
Schlechtere Stoßdämpfung
Bogenförmiges (schaufelndes) Vorführen der Gliedmaße
Kopfnicken in der Bewegung zur nicht betroffenen Seite
Probleme beim Aufstehen und Hinlegen

Stresspunktlage

Gleiten Sie vom oberen Schulterblattrand an der Schulterblattgräte vorne entlang. In der Region auf Höhe des ersten und zweiten Drittels der Schulterblattgräte befinden sich Stresspunkte des Obergrätenmuskels. Im unteren Drittel vor dem Schulterblatt, vom Gräteneck ausgehend leicht schräg nach vorne und unten, befindet sich ein weiterer Stresspunkt, dessen Lage allerdings nicht leicht zu finden ist. Da der Obergrätenmuskel durch andere Muskeln bedeckt ist, müssen Sie beim Aufsuchen der Stresspunkte gegebenenfalls etwas mehr Druck ausgeüben. Seien Sie aber trotzdem vorsichtig mit der Druckstärke.

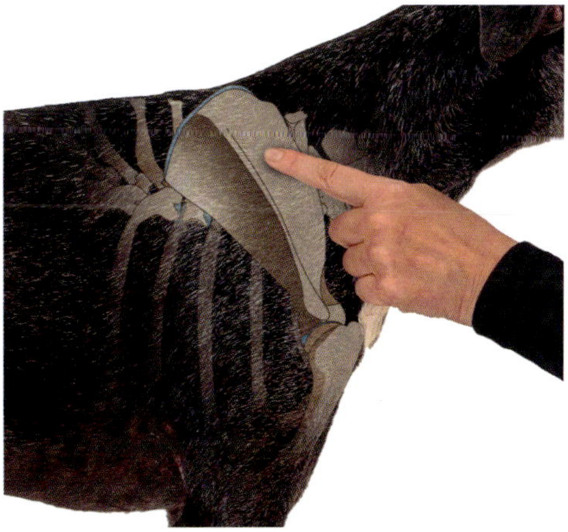

Stresspunktlage des Obergrätenmuskels

Ist ein Stresspunkt vorhanden, wird der Hund sein Bein beugen beziehungsweise heben und dem Druck ausweichen.

Stresspunktmassage

Vor Beginn der Stresspunktbehandlung wärmen Sie die Schultermuskulatur mit Streichungen und gegebenenfalls mit Knetungen gut auf. Legen Sie dann den Zeigefinger auf den Stresspunkt, wobei der Mittelfinger zur Unterstützung eingesetzt werden kann. Üben Sie eine Querfriktion senkrecht weg von der Schulterblattgräte nach oben und vorne (dorsokranial) aus. Achten Sie darauf, nicht nur die Haut zu verschieben.

Querfriktion am Obergrätenmuskel

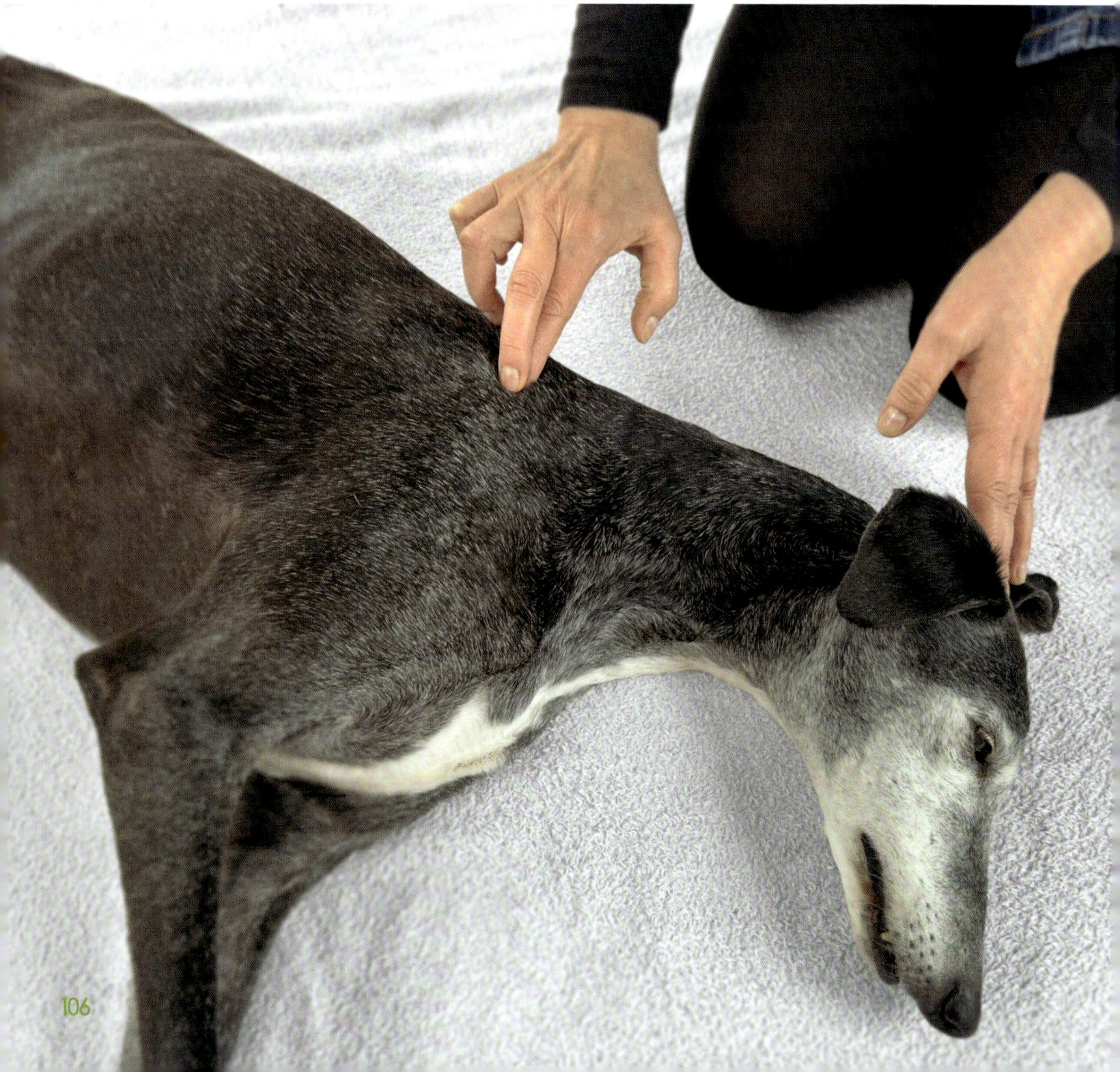

Dehnung

Eine Dehnung des Obergrätenmuskels wird durch die Rückführung der Vordergliedmaße erreicht. Der Hund liegt auf der Seite mit dem Bauch zu Ihnen. Die kopfnahe Hand umfasst das Schultergelenk, die andere Hand umfasst den Oberarm von vorne oberhalb des Ellenbogengelenks. Nun schiebt die Hand am Schultergelenk das Schulterblatt vorsichtig nach hinten, während die andere Hand die Gliedmaße zurückführt. Sobald eine leichte Spannung zu spüren ist, halten Sie die Position für 30 Sekunden bis maximal zwei Minuten.

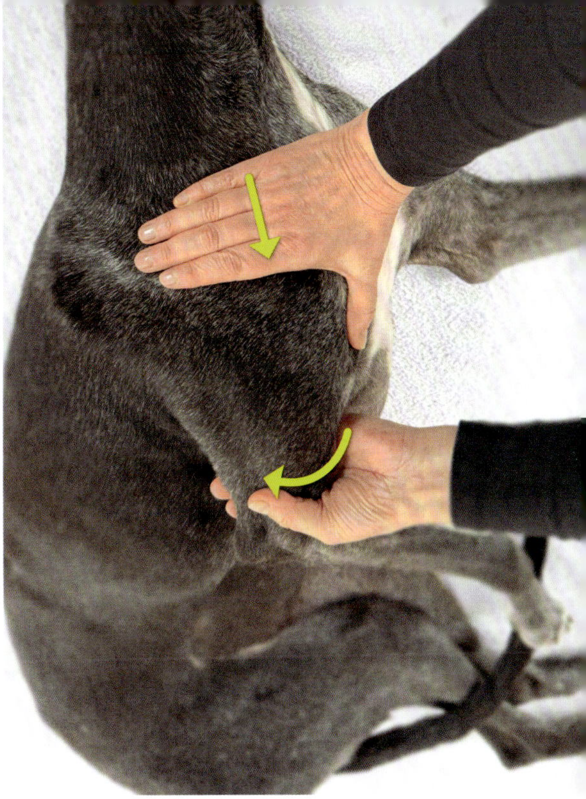

Dehnung des Obergrätenmuskels

Wichtig

Hat Ihr Hund Arthrose im Schultergelenk, müssen Sie vorsichtig bei der Dehnung vorgehen und langsam arbeiten. Hält Ihr Hund bei der Dehnung dagegen, unterlassen Sie die Übung und konsultieren einen Tierarzt oder Hundephysiotherapeuten.

Mögliche Ursachen für Verspannungen des Obergrätenmuskels

Schnelle, enge Wendungen	*Springen*
Ausrutschen	*Agility*
Überlastung, insbesondere bei ausgestreckter Vorhand	*Flyball*
Achsabweichung der Gliedmaße in der Bewegung durch muskuläre Dysbalance	*Frisbee*

Untergrätenmuskel (M. infraspinatus)

Der Untergrätenmuskel liegt ebenfalls nicht an der Oberfläche, sondern wird vom Deltamuskel bedeckt. Er entspringt flächig am Schulterblatt hinter der Schulterblattgräte und setzt oben am Oberarm außen an. Der Untergrätenmuskel ist zusammen mit dem Obergrätenmuskel für die seitliche Stabilität des Schultergelenks verantwortlich. Außerdem kann er die Gliedmaße abspreizen und auswärts drehen.

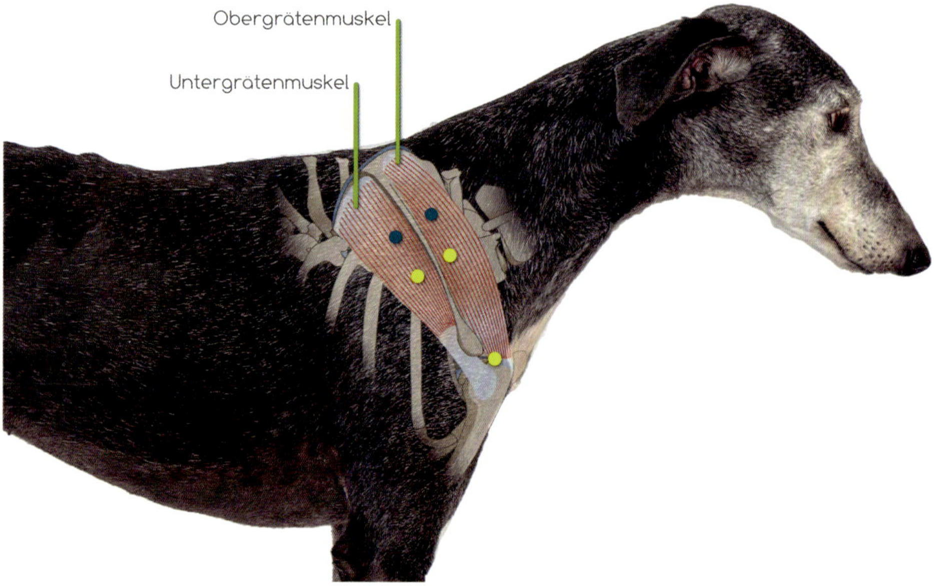

Obergrätenmuskel und Untergrätenmuskel mit Stresspunkten

Anzeichen bei verspanntem Untergrätenmuskel

Kurze Schritte	*Bogenförmiges (schaufelndes) Vorführen der Gliedmaße*
Streckung des Schultergelenks im Sitz und in der Schwungphase	*Handwurzelgelenk schnellt nach vorne*
Auswärtsdrehen und Abspreizen des Oberarms (Ellbogengelenk am Brustkorb)	*Handgelenk wird abgespreizt*

Stresspunktlage

Gleiten Sie vom oberen Schulterblattrand nun auf der anderen Seite der Schulterblattgräte entlang. In der Region auf Höhe des ersten und zweiten Drittels der Schulterblattgräte befinden sich Stresspunkte des Untergrätenmuskels. Da sich die Stresspunkte vom Ober- und Untergrätenmuskel gegenüber liegen, können Sie sich auch an der Stresspunktlage des einen Muskels orientieren, über die Schulterblattgräte gleiten und so die Stresspunkte des anderen Muskels aufsuchen. Da das Schulterblatt nicht senkrecht steht, müssen Sie darauf achten, dass Sie im rechten Winkel zur Schulterblattgräte auf die andere Seite gleiten. Weicht der Hund dem Druck aus, haben Sie einen Stresspunkt gefunden.

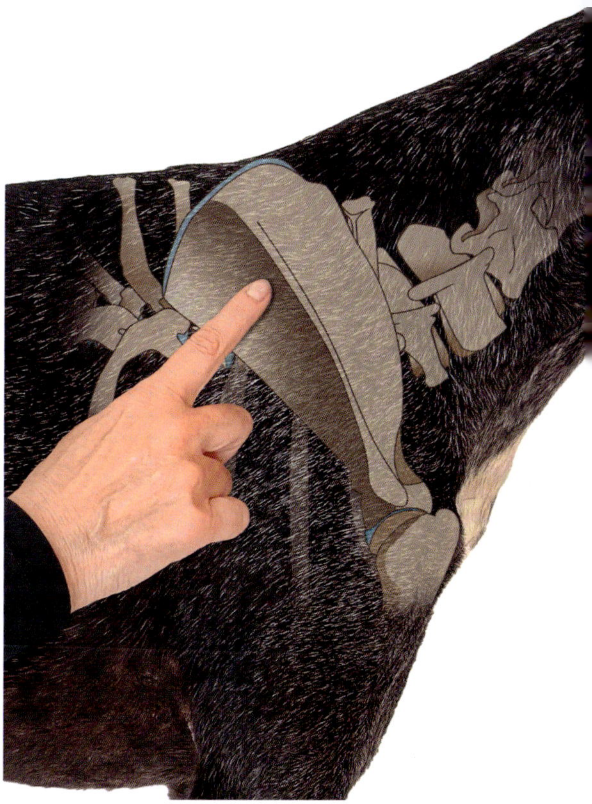

Stresspunktlage des Untergrätenmuskels

Stresspunktmassage

Auch hier wird die Schultermuskulatur wieder mit Streichungen und Knetungen vorbehandelt. Für die Stresspunktmassage legen Ihren Zeigefinger, verstärkt durch den Mittelfinger, auf den Punkt und reiben die Fasern quer nach unten und hinten (ventrokaudal) im rechten Winkel weg von der Schulterblattgräte. Verlieren Sie dabei nicht den Kontakt zum Gewebe, sondern dringen in die Tiefe vor.

Querfriktion am Untergrätenmuskel

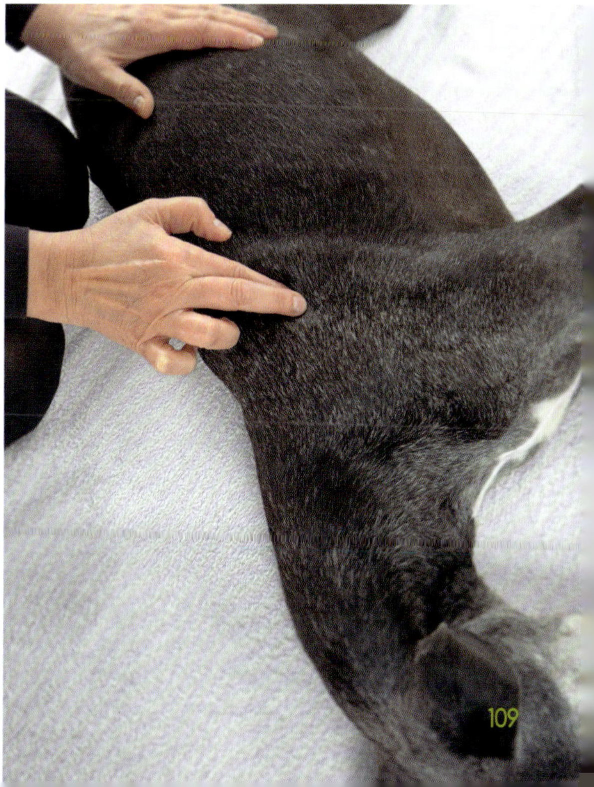

Dehnung

Die Dehnung des Untergrätenmuskels erfolgt durch ein Heranziehen der Gliedmaße zur Körpermitte (Adduktion). Sie befinden sich vor Ihrem sitzenden Hund. Möchten Sie die rechte Seite dehnen, legen Sie Ihre linke Hand zum Schutz auf das rechte Schulterblatt und umgreifen mit Ihrer rechten Hand den rechten Unterarm und führen das Bein nach innen, sodass es sich mit der anderen Gliedmaße leicht überkreuzt. Halten Sie die Position für mindestens 30 Sekunden und gehen dann langsam in die Ausgangsposition zurück.

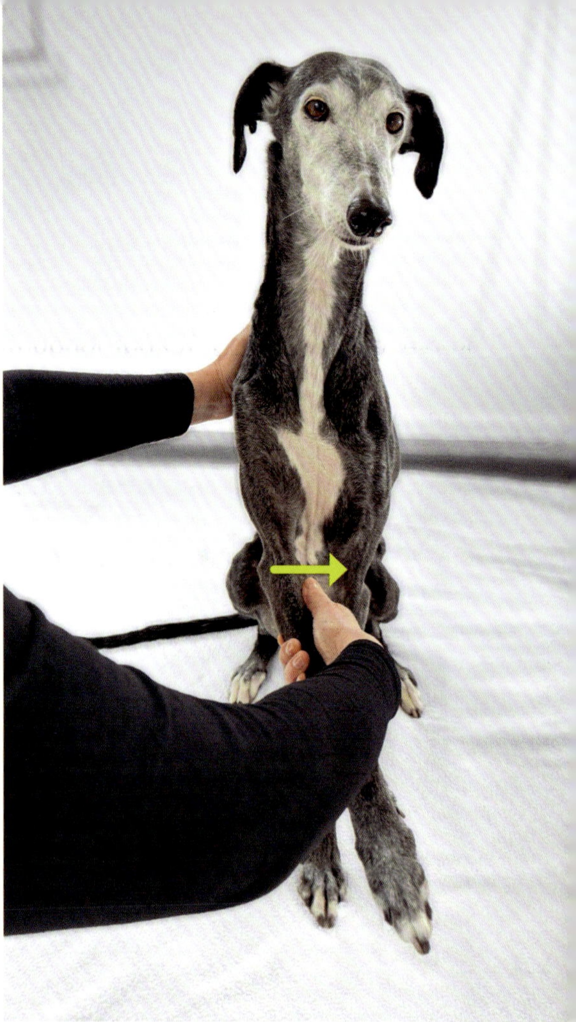

Adduktion der Vordergliedmaße

Mögliche Ursachen für Verspannungen des Untergrätenmuskels

Wachstumsstörungen (beispielsweise OCD)
Starke Dehnung beim Hürdensprung
Schnelle, enge Wendungen (Slalom)
Ungleichgewicht in der gelenkumgebenen Muskulatur
Jagdlicher Einsatz
Sport, vor allem Agility

Dreiköpfiger Oberarmmuskel (M. triceps brachii)

Der dreiköpfige Oberarmmuskel hat beim Hund vier Köpfe (beim Menschen drei, daher der Name). Einer der vier Köpfe, der lange Kopf (Caput longum) überspannt zwei Gelenke (Schulter- und Ellenbogengelenk). Er entspringt vom hinteren Schulterblattrand und setzt, zusammen mit den anderen Köpfen des Muskels, am Ellenbogenhöcker an. Der dreiköpfige Oberarmmuskel arbeitet stark gegen die Schwerkraft (Antischwerkraftmuskel) und sorgt dafür, dass die Gliedmaße im belasteten Zustand nicht einknickt. Er ist somit kein Ellenbogenstrecker, wie lange angenommen. Der Muskel kann das Ellenbogengelenk nur strecken, wenn die Gliedmaße nicht belastet wird, beispielsweise, wenn der Hund auf dem Rücken liegt. Der lange Anteil des Muskels, der zusätzlich über das Schultergelenk zieht, beugt das Schultergelenk.

Dreiköpfiger Oberarmmuskel mit Stresspunktzone

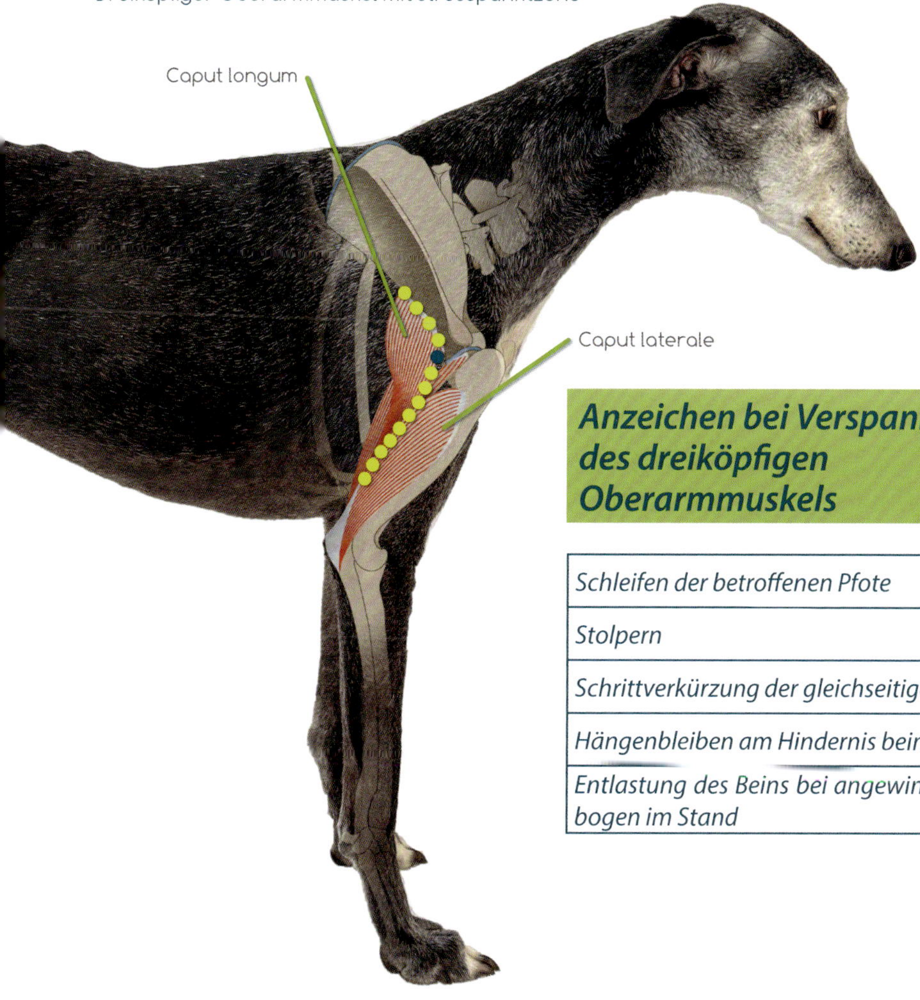

Anzeichen bei Verspannungen des dreiköpfigen Oberarmmuskels

Schleifen der betroffenen Pfote
Stolpern
Schrittverkürzung der gleichseitigen Vorhand
Hängenbleiben am Hindernis beim Sprung
Entlastung des Beins bei angewinkeltem Ellenbogen im Stand

Stresspunktlage

Stellen Sie sich seitlich neben Ihren Hund und legen Sie Ihre Finger der gleichseitigen Hand wie abgebildet an den Vorderrand des Oberarms. Der Zeigefinger berührt den Knochenvorsprung des Oberarms (Tuberculum majus humeri). Der angewinkelte Daumen sucht dann auf Höhe des Schultergelenks die Grube auf, die sich zwischen dem langen und seitlichen Kopf des M. triceps brachii befindet. Fühlen Sie eine Delle im der Oberarmmuskulatur, ist dies die Grube, in der Sie nun den Daumen legen und einen leichten Druck in Richtung Schultergelenk ausführen. Reagiert Ihr Hund, indem er sein Bein nach vorne wegzieht oder das Bein einknickt, weist das auf Muskelprobleme in diesem Bereich hin.

Weitere Stresspunkte können sich im Verlauf des Muskels (Caput longum) vom hinteren Schulterblattrand ausgehend und dann am Oberarm entlang bis zum Ellenbogenhöcker zeigen. Nicht weit von der Ansatzsehne am Ellenbogenhöcker bilden Stresspunkte oftmals eine Verquellung um sich herum.

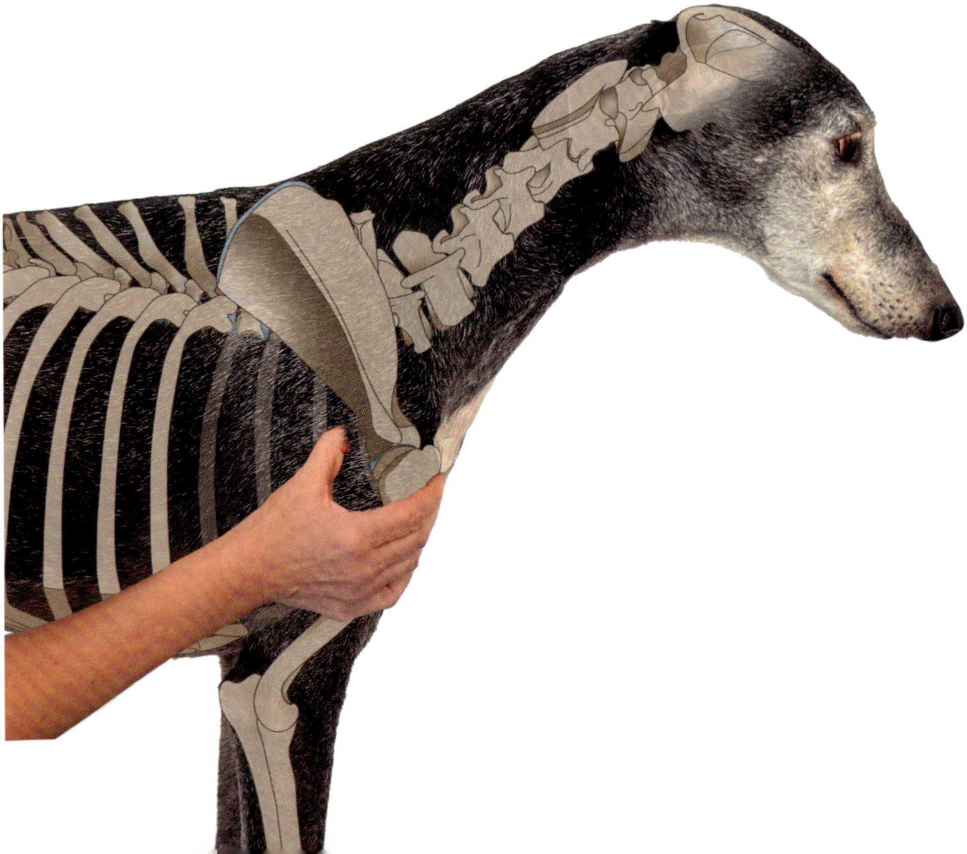

Stresspunktmassage

Je nach Größe des Muskels können Sie den Stresspunkt mit dem Daumen, dem Zeigefinger und/oder dem Mittelfinger behandeln. Der Hund befindet sich in Seitenlage. Sie befinden sich auf Schulterhöhe daneben. Suchen Sie den Stresspunkt auf. Gegebenenfalls müssen Sie, je nachdem, wo sich der Stresspunkt befindet, das Bein mit der anderen Hand unterlagern. Üben Sie eine Querfriktion in Richtung Rute (kaudal) in die Tiefe gehend aus. Beginnen Sie mit leichtem Druck und beobachten Sie die Reaktion Ihres Hundes genau. Wird die Behandlung toleriert, können Sie bei Bedarf den Druck etwas erhöhen.

Querfriktion am dreiköpfigen Oberarmmuskel

Dehnung

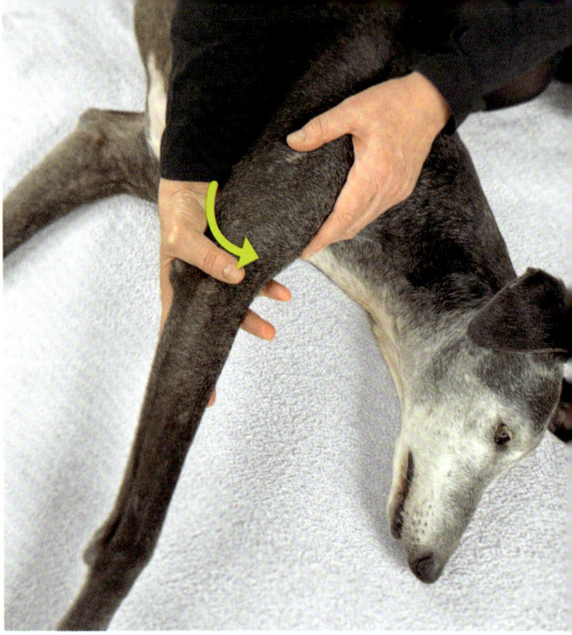

Dehnung des dreiköpfigen Oberarmmuskels

Ihr Hund liegt entspannt auf seiner linken Seite mit dem Rücken zu Ihnen. Legen Sie Ihre kopfnahe Hand auf den vorderen Schulterblattrand. Mit dieser Hand fixieren Sie die Schulter, um eine weiterlaufende Bewegung beim Vorführen des Vorderbeins zu verhindern. Üben Sie keinen Druck auf das Schulterblatt aus. Die andere Hand umgreift locker den Oberarm oberhalb des Ellenbogens und führt nun vorsichtig und langsam das Vorderbein nach vorne. Wenn Sie eine Spannung spüren, halten Sie die Position für mindestens 30 Sekunden. Um den Muskel in seiner ganzen Länge zu dehnen, könnte das Ellenbogengelenk zusätzlich gebeugt werden, ist aber in der Umsetzung schwierig.

Wichtig

Bei Arthrose im Schulter- oder Ellenbogengelenk ist die Streckung eingeschränkt und sollte bei der Dehnung berücksichtigt werden. Arbeiten Sie auf keinen Fall gegen die Schutzspannung des Hundes an.

Mögliche Ursachen für Verspannungen des dreiköpfigen Oberarmmuskels

Veränderter Schulterblattwinkel, zum Beispiel bei Verspannung des gezahnten Muskels
Verspannungen im zweiköpfigen Armmuskel (M. biceps brachii)
Viele hohe Sprünge
Mantrailing
Zughundesport
Hüten

4. Muskeln der Bauchwand

Gerader Bauchmuskel (M. rectus abdominis)

Der gerade Bauchmuskel ist einer der vier Muskeln, die zur Bauchwandmuskulatur zählen.

Er ist paarig angeordnet und verläuft vom Brustbein und den Rippenknorpeln (ab vierter Rippe) zum Schambein. Er besteht aus mehreren kurzen Muskelbäuchen, die aneinander gereiht liegen und bindegewebig miteinander verbunden sind. Dadurch ist der gerade Bauchmuskel ein sehr stabiler Muskel, der die inneren Organe trägt. Außerdem übt er bei Anspannung Druck im Bauchraum aus (Bauchpresse), beispielsweise zum Ausatmen oder Kot absetzen. Die Bauchmuskulatur muss gut ausgeprägt sein, da über sie der Rücken stabilisiert wird, der sonst durchhängen würde.

Gezielt gekräftigt werden kann die Bauchmuskulatur ebenfalls durch Stangentraining. Liegen die Hindernisse kreuz und quer, sternförmig oder im Kreis, wird zusätzlich eine seitliche Biegung mit mehr Gewichtsübernahme der inneren Gliedmaße gefordert. Rückwärts um Bäume herum oder Slalom durch die Beine und auf unebenem Boden gehen sind weitere Kräftigungsübungen.

Wichtig

Enge Wendungen und Übersteigen hoher Hindernisse sind bei Bandscheibenvorfall, Spondylose und Arthrose zu vermeiden.

Anzeichen bei verspannter Bauchmuskulatur

Rückenschmerzen
Aufgekrümmter Rücken (Katzenbuckel)
Wirbelsäulenerkrankungen wie Spondylosen und Bandscheibenvorfälle
Bewegungsunlust
Steifer Gang
Berührungsempfindlich im Bauchbereich
Eingeschränkte Beweglichkeit, beispielsweise beim Springen, Klettern, Hürdenlauf
Verminderte Bauchpresse

Behandlung durch klassische Massage

Hunde reagieren bei Problemen im Bauchbereich sehr empfindlich, und einzelne Stresspunkte sind hier schwer zu ertasten. Zudem ist die Bauchmuskulatur auf Strukturveränderungen hin schlecht zu untersuchen, da ab dem Brustbein ein knöchernes Widerlager fehlt. Bei Druck im Weichteilbereich reagiert der Hund mit reflektorischer Anspannung der Bauchmuskulatur. Daher ist eine intensive Grifftechnik wie die Querfriktion im Weichteilbereich nicht möglich. Neben der Mobilisation der Bauchfaszie sind sanfte Streichungen längs und quer zum Faserverlauf bei Verspannungen der Bauchmuskulatur anzuwenden.

Wichtig

Achten Sie darauf, keinesfalls die Weichteil- und Genitalregion zu massieren.

Entspannung der Bauchfaszie

Ihr Hund liegt auf der Seite oder auf dem Rücken. Überkreuzen Sie Ihre Arme und legen eine Hand quer auf Höhe des Brustbeins hinter den Schwertfortsatz, die andere Hand liegt auf Höhe des Schambeins. Führen Sie nun die Hände sanft in entgegengesetzter Richtung auseinander, bis Sie einen leichten Widerstand spüren. Halten Sie die Position so lange, bis die Gewebespannung nachlässt und Ihr Hund die Behandlung zulässt.

Wann sich eine Entspannung einstellt, hängt von dem Spannungszustand der Bauchdecke und der generellen Anspannung des Hundes ab. Da die Bauchfaszie und damit verbunden auch die Bauchmuskulatur durch diese Technik in Längsrichtung gedehnt wird, entfällt eine weitere Dehnungsübung.

Wichtig

Der Zug geht in Längsrichtung und nicht in die Tiefe.

Wichtig

Ist bei erhöhter Bauchdeckenspannung auch der Rücken aufgekrümmt, handelt es sich um eine akute Störung. Zur Abklärung sollte auf alle Fälle ein Tierarzt konsultiert werden.

Entspannungstechnik der Bauchfaszie

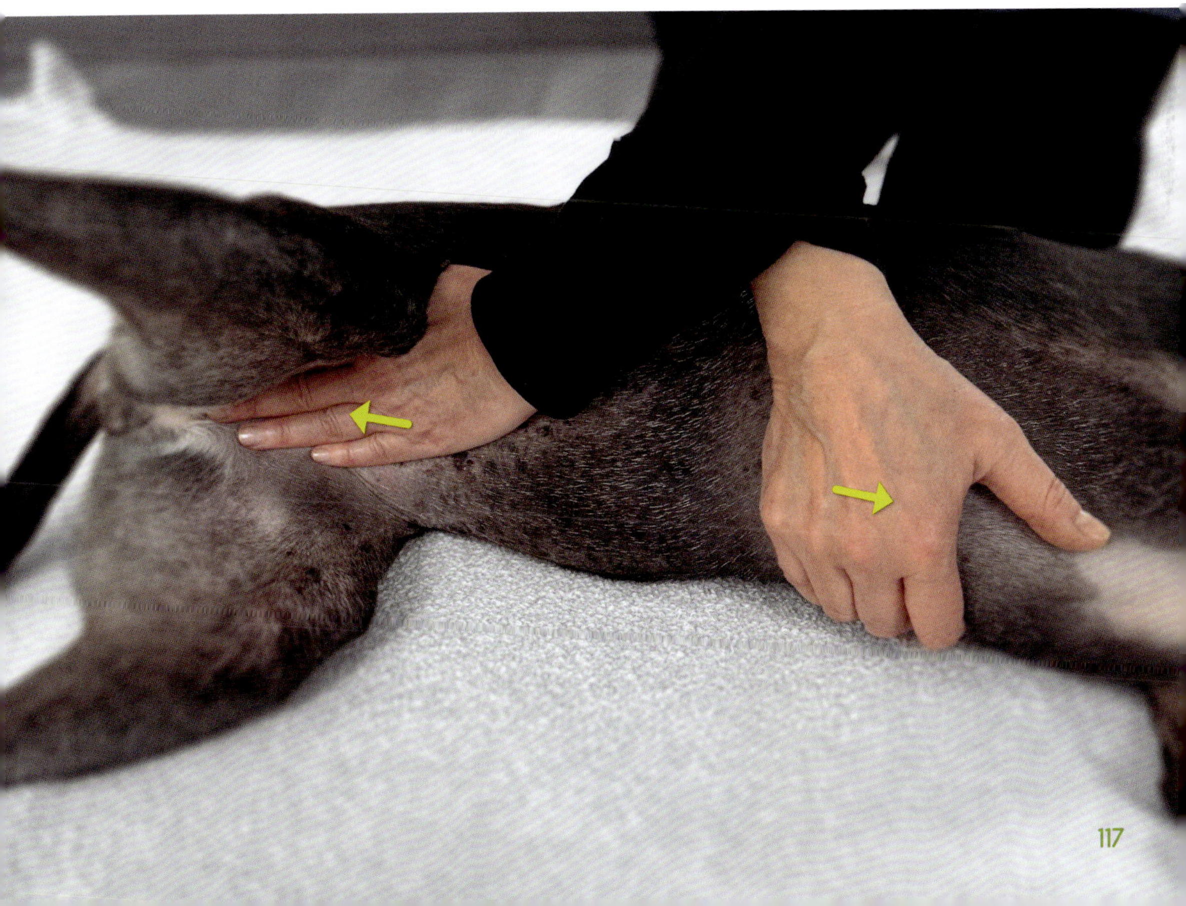

Mögliche Ursachen für Verspannungen des geraden Bauchmuskels

Schwache oder verspannte Rückenmuskulatur	Kastration
Rückenschmerzen	Alter
Wirbelsäulenerkrankungen	Übelkeit
Übergewicht	Erbrechen
Trächtigkeit	Agility
Bauchschmerzen	Frisbee
Chronischer Durchfall	Flyball
Darmkoliken	Rennhundsport
Futterunverträglichkeit	Zughundesport

5. Lange Hals- und Rückenmuskulatur

Langer Rücken-, Hals- und Kopfmuskel (M. longissimus)

Der M. longissimus ist der längste Muskel des Körpers. Je nach Lage und Ansatz ist er in fünf hintereinander liegende Portionen unterteilt. Er zieht in einzelnen Muskelbäuchen vom Kreuz- und Darmbein über die Lenden-, Brust- und Halswirbelsäule bis zum Schläfenbein und wird daher auch als M. longissimus dorsi bezeichnet. Die Muskelfasern verlaufen nach vorne und unten (kranioventral) und zusätzlich von innen nach außen. Der lange Rückenmuskel ist ein Strecker, Seitwärtsbieger und Feststeller der Wirbelsäule und überträgt die Bewegung der Hintergliedmaße auf den Rücken. Außerdem hebt er den Kopf und Hals und in der Bewegung zusätzlich den Rumpf. Damit unterstützt er die Rumpfträger, weshalb eine gute Rückenmuskulatur notwendig ist.

Langer Rücken-, Hals- und Kopfmuskel (hier ohne Kopfanteil dargestellt)

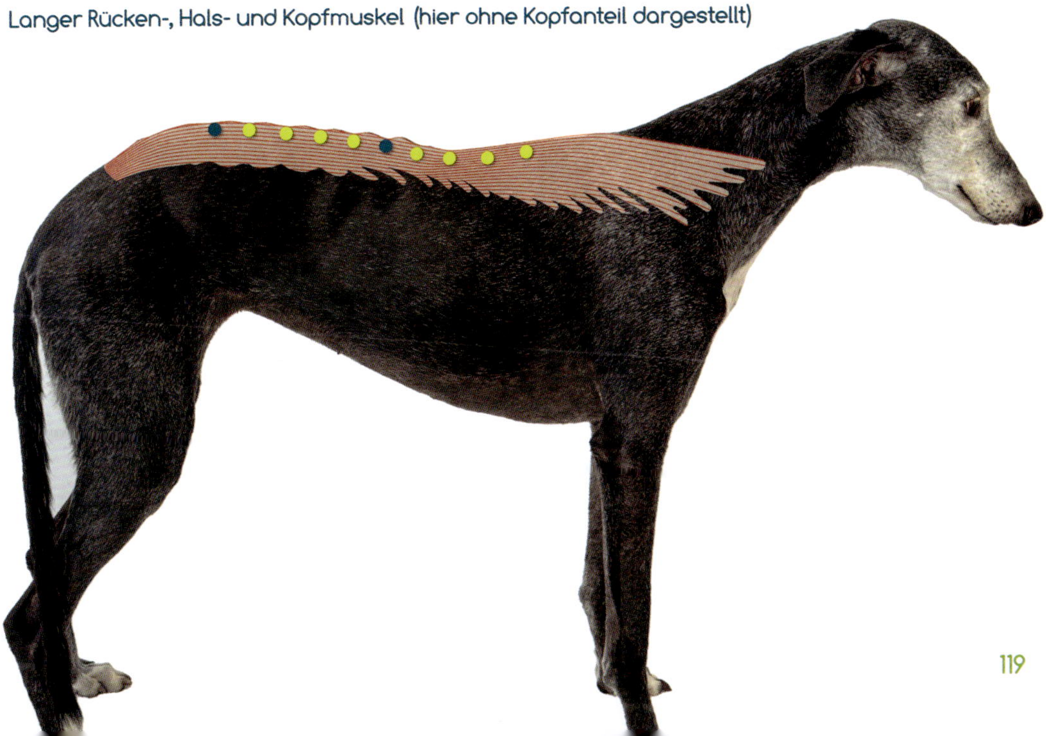

Die Rückenmuskulatur entwickelt sich eher über eine gute Bauchmuskulatur, da diese den Rücken von unten stabilisiert. Bei schwacher Bauchmuskulatur hängt der Rücken im Extremfall durch. Stangentraining, Slalomlaufen oder Gehen im Wasser (Wasserhöhe bis Rumpfmitte) sind Beispiele für ein Aufbautraining.

Wichtig

Hunde mit Wirbelsäulenproblemen oder Arthrose in den Gliedmaßen sollten keine engen Wendungen durchführen und keine hohen Hindernisse übersteigen.

Alternativ sind immer isometrische Übungen möglich. Für den Rücken wird mit diagonaler Handanlage an Becken und Schulter mit gleichzeitigem Druck oder mit beiden Händen am Becken beziehungsweise am Schulterblatt mit abwechselndem Druck gearbeitet (entspricht der aktiven Slalom-Bewegung).

Anzeichen bei verspannter Rückenmuskulatur

Rücken ist in der Bewegung fixiert (kein Schwingen des Rückens)
Aufgekrümmter Rücken
Beine werden vermehrt unter den Bauch gesetzt
Verkürzte Schritte der Hinterhand
Probleme beim Treppensteigen nach oben (mehr im hinteren Wirbelsäulenbereich)
Probleme beim Treppegehen nach unten (mehr im vorderen Wirbelsäulenbereich)
Schwierigkeiten beim Hinlegen und Aufstehen
Eingeschränkte Kopf- und Halsbewegung
Probleme in engen Wendungen und beim Hochspringen
Passgang (ist nicht immer pathologisch)
Schütteln und Wälzen eingeschränkt
Schleifen der Hintergliedmaßen (abgelaufene Krallen)
Rückenlage und eingerollte Schlafposition sind vermindert
Steifer Gang

Stresspunktlage

Die Stresspunkte sind im langen Rückenmuskel gut zu ertasten. Es braucht wenig Druck, um Strukturveränderungen entlang der Wirbelsäule zu fühlen.

Zur Verdeutlichung der Stresspunktlage steht der Hund hier ausnahmsweise auf den Fotos.

Wichtig

Für die Untersuchung sollte der Hund auf der Seite liegen, um zu vermeiden, dass Druck von oben auf die Wirbel ausgeübt wird. Dies würde dazu führen, dass der Hund seinen Rücken durchdrückt, was nicht gewollt ist.

Tasten Sie mit Ihren flachen Fingern direkt neben der Wirbelsäule nach kleinen punktförmigen Verhärtungen. Haben Sie einen Stresspunkt gefunden, kann sich Ihr Hund dem leichten Druck entziehen wollen. Gegebenenfalls erkennen Sie auch ein Zittern entlang des Rückens. Die Rückenmuskulatur ist sehr häufig von Verspannungen betroffen, da im Bereich der Wirbelsäule ein beweglicher Abschnitt auf einen festen Abschnitt trifft. Die Halswirbelsäule ist extrem beweglich, darauf folgt die Brustwirbelsäule, die durch den Brustkorb stabilisiert wird. Dann folgt der Übergang zur Lendenwirbelsäule, die wieder etwas beweglicher ist, gefolgt vom mehr oder weniger festen Kreuzbein, das in die sehr bewegliche Rute übergeht.

Vermehrt sind Stresspunkte am Übergang zwischen Brust- und Lendenwirbelsäule und zwischen dem fünften und sechsten Lendenwirbel zu finden. Den Brust-Lenden-Übergang (TLÜ) finden Sie, indem Sie die letzte Rippe aufsuchen und dieser bogenförmig bis hoch zur Wirbelsäule folgen. Liegt der Stresspunkt eher beim zwölften Brustwirbel, kann ein Magenproblem (zum Beispiel eine Gastritis) dahinterstecken.

Stresspunkt des langen Rückenmuskels am TLÜ

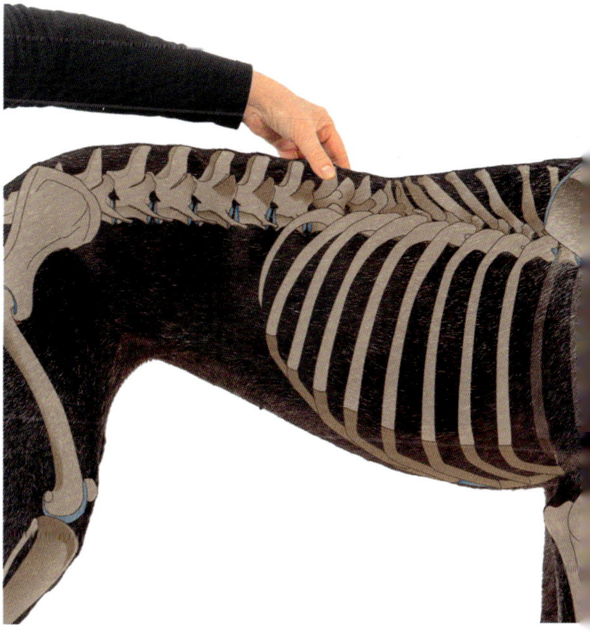

Um den Bereich zwischen dem fünften und sechsten Lendenwirbel zu finden, können Sie als Hilfslinie die Kniefalte nehmen, von der aus Sie senkrecht nach oben zur Wirbelsäule gleiten.

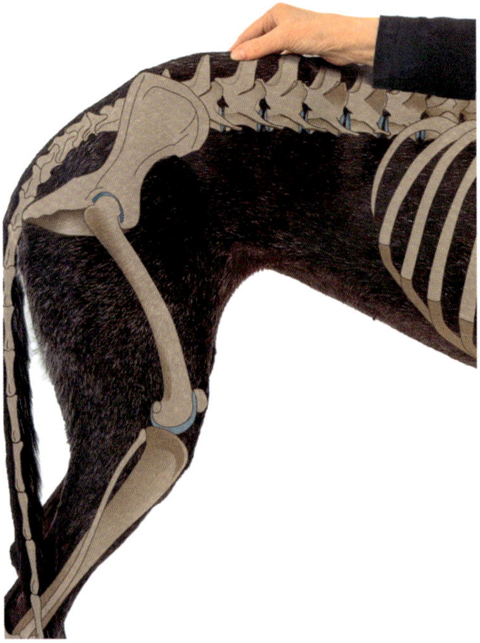

Stresspunkt des langen Rückenmuskels, L5/L6

Stresspunktmassage

Zur Vorbehandlung wird die Muskulatur entlang des Rückens mit Streichungen massiert. Ihr Hund befindet sich in Brust-Bauch-Lage. Ist es möglich, gegen die Fellrichtung zu massieren, beginnen Sie an der Kruppe und streichen mit den Rückseiten der Finger beidseits der Wirbelsäule die Rückenmuskulatur bis zum Schulterblatt aus. Vorne angekommen, streichen Sie mit der Handfläche den Bereich bis zur Kruppe zurück und gleiten dann wieder mit den Fingerrücken nach vorne und so weiter. Sie können bei der Rückenmassage auch gleich die Schulter und das Becken mit einbeziehen (siehe Abschnitt „Streichungen" unter Grundlagen).

Wichtig

Achten Sie darauf, nicht auf der Wirbelsäule zu massieren, also keinen Druck von oben auf die Wirbel auszuüben, sondern parallel neben der Wirbelsäule zu bleiben. Sie dürfen nicht zusätzlich Kraft durch Ihren Oberkörper auf die Hand ausüben.

Nach mehrmaligen Streichungen gehen Sie in Knetungen über.

Wichtig

Beschränken Sie sich bei Bandscheibenproblemen und Spondylosen auf sanfte Streichungen und ziehen für weitergehende Behandlungen einen Therapeuten hinzu.

Liegen keine Rückenerkrankungen vor, können Sie die Muskulatur entlang der Wirbelsäule mit Knetungen behandeln (siehe Abschnitt „Knetungen" unter Grundlagen). Setzen Sie die Behandlung auf der anderen Seite der Wirbelsäule in gleicher Weise fort. Wenn sich Ihr Hund nicht in Brust-Bauch-Lage befindet, rollen Sie ihn nicht über den Rücken, um die andere Seite massieren zu können, sondern lassen Sie ihn aufstehen und sich entsprechend wieder hinlegen. Es sollten immer beide Seiten massiert und gegebenenfalls gedehnt werden.

Die Stresspunktmassage wird in gewohnter Weise mit Friktion quer zum Muskelfaserverlauf nach hinten und unten (kaudoventral) von der Wirbelsäule weg ausgeführt. Sie können hier auch gut Zirkelreibungen mit an- und abschwellendem Druck anwenden, wobei Druck aufgebaut wird, wenn Sie einen Halbkreis von der Wirbelsäule weg beschreiben und den Kreis Richtung Wirbelsäule ohne Druck beenden. Beginnen Sie mit einem sanften Druck. Toleriert Ihr Hund die Druckstärke, können Sie die Intensität leicht erhöhen und sich so punktuell auf den Schmerzpunkt in die Tiefe vorarbeiten.

Wichtig

Bei der Behandlung darf der Rücken nicht ins Hohlkreuz gedrückt werden. Bei Bandscheibenproblemen und Spondylosen ist von der Behandlung abzusehen.

Querfriktion am langen Rückenmuskel

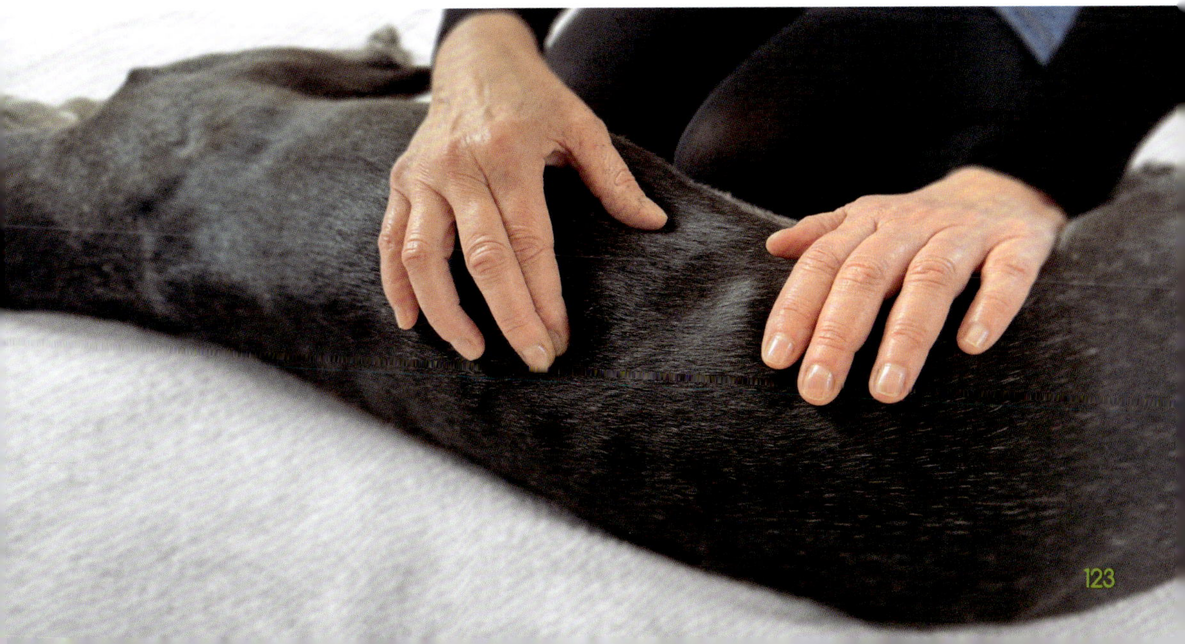

Faszienlift der Rückenmuskulatur

Ihr Hund liegt in Brust-Bauch-Lage oder auf der Seite. Da die Technik von hinten nach vorne gegen die Fellrichtung ausgeführt wird, befinden Sie sich in einer stabilen Position auf Höhe der Kruppe oder der Lendenwirbelsäule. Legen Sie Ihre Hand neben die Wirbelsäule vor die Darmbeinschaufel in den Lendenbereich. Ihre Finger zeigen Richtung Hundekopf. Üben Sie einen leichten Zug nach vorne aus, ohne auf der Haut zu gleiten und bleiben Sie in der Position, sobald Sie einen Widerstand unter Ihrer Hand spüren. Halten Sie die Zugspannung für mindestens zehn Sekunden, bis das Gewebe sich entspannt. So arbeiten Sie sich nach und nach entlang der Wirbelsäule vor und verfahren in gleicher Weise auf der anderen Seite.

Wichtig

Üben Sie keinen Druck von oben in die Tiefe aus. Es erfolgt lediglich ein Zug längs der Wirbelsäule.

Faszienlift entlang der Rückenmuskulatur

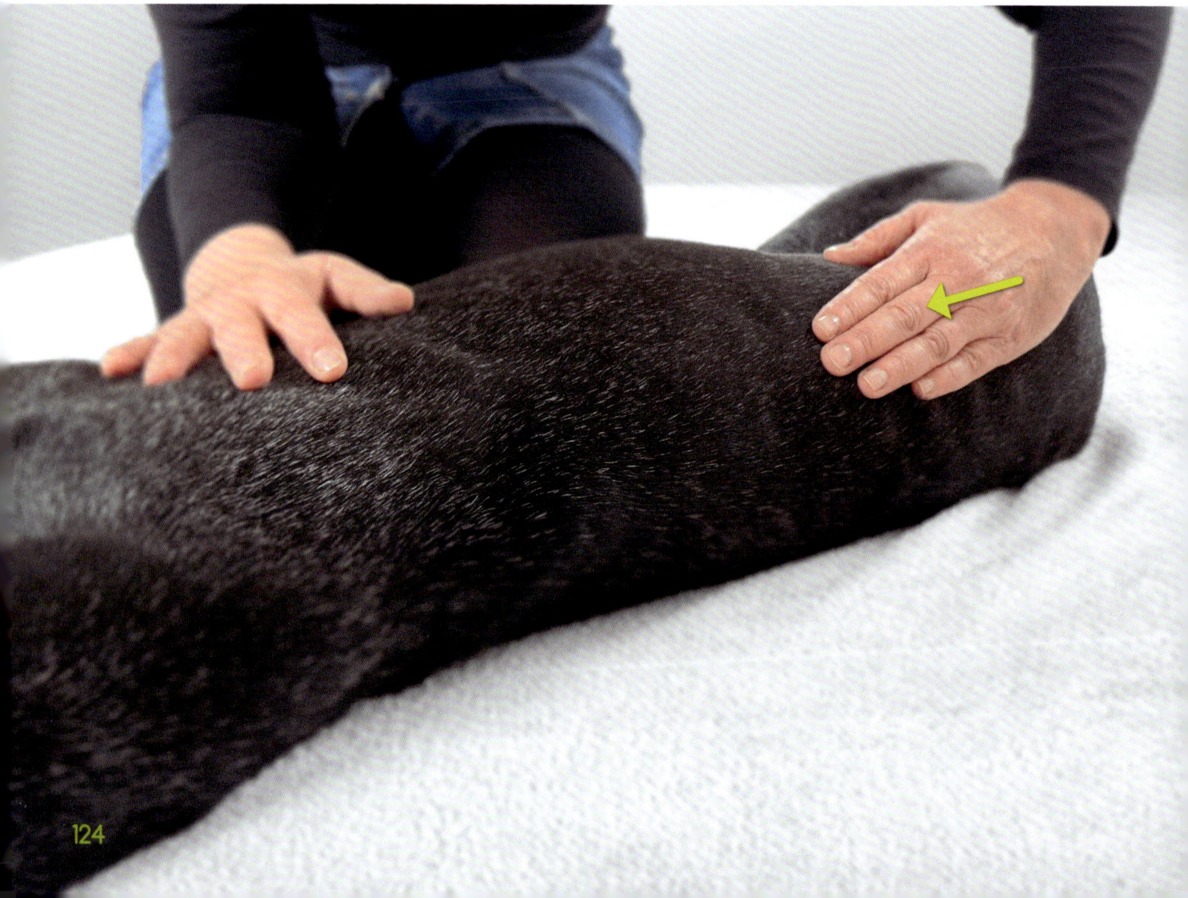

Kiblersche Hautfalte

Die Rückenhautfalte dient nicht nur der Untersuchung von Schmerzzonen, Verquellungen und Verklebungen, sondern kann auch zur faszialen Mobilisation herangezogen werden. In der Regel wird die Hautfalte von hinten nach vorne gerollt, aber in Fellrichtung lässt sich das Gewebe leichter bewegen. Beginnen Sie daher vorne am Schultergürtel.

Ihr Hund befindet sich in Brust-Bauch-Lage, Sie sind neben ihm in Höhe der Schulter (zur besseren Darstellung ist die Sitzposition auf dem Foto am Kopf). Nehmen Sie rechts und links neben der Wirbelsäule sanft eine Hautfalte zwischen Daumen und Finger und schieben die Falte jeweils mit dem Daumen vorsichtig Stück für Stück und symmetrisch den Rücken entlang Richtung Rute. Lässt sich die Hautfalte in einigen Zonen nicht gut rollen, halten Sie dort die Position für zehn Sekunden und fahren dann fort.

Wiederholen Sie die Behandlung so lange, bis sich die Hautfalte störungsfrei über den Rücken verschieben lässt.

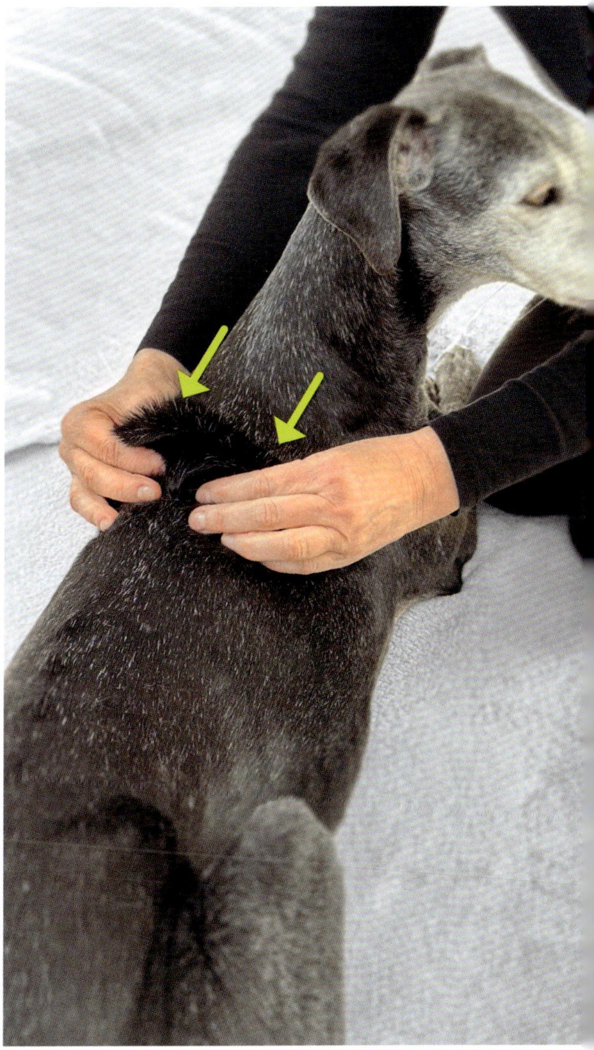

Kiblersche Hautfalte

Wichtig

Eine Verdickung der Falte im Schulter- und Beckenbereich ist normal. Daher lässt sich die Falte in diesen Bereichen etwas schwerer vorwärts schieben.

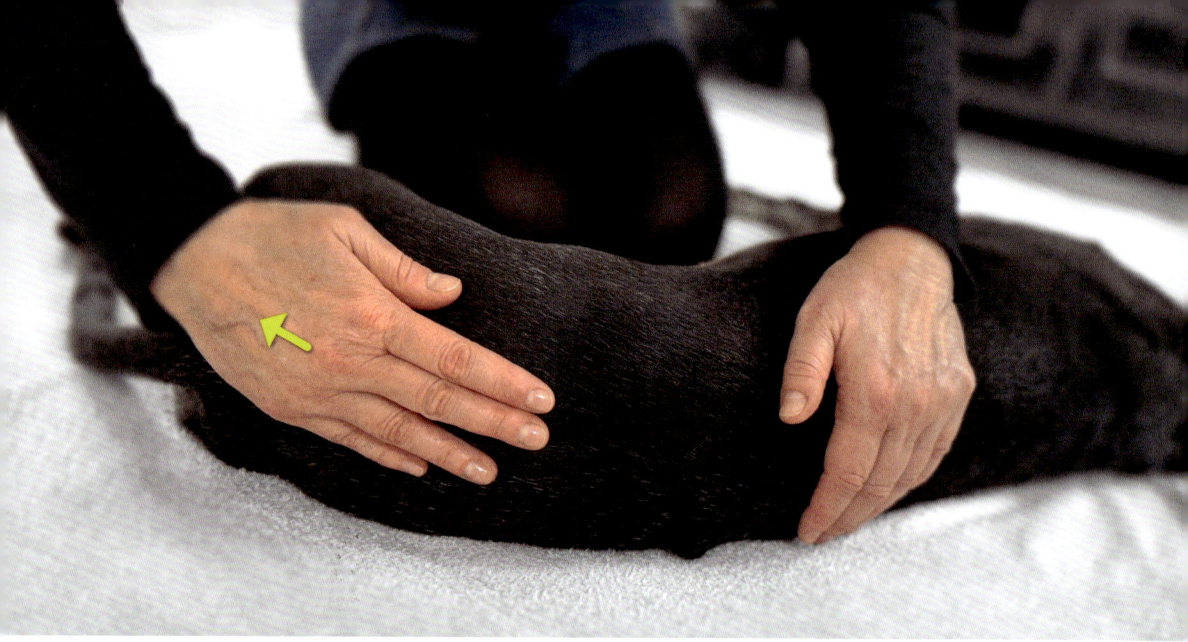

Entspannung der Brust-Lenden-Faszie

Entspannung der Brust-Lenden-Faszie

Um die Faszie zu entspannen, kann Ihr Hund in Brust-Bauch-Lage sein oder auf der Seite liegen. Sie befinden sich im hinteren Rückenbereich in einer stabilen Position daneben.

Legen Sie die kopfnahe Hand quer auf den Übergang zwischen Brust- und Lendenwirbelsäule. Orientieren Sie sich dabei an der letzten Rippe. Wenn Sie mit dem Finger dem Bogen der letzten Rippe Richtung Wirbelsäule folgen, finden Sie den letzten Brustwirbel und somit auch den Übergang. Die andere Hand legen Sie längs auf das Kreuzbein mit den Fingern zum Kopf zeigend. Ihr Handballen liegt am Rutenansatz. Die Hand auf den Lendenwirbeln fixiert den Bereich, während die andere Hand auf dem Kreuzbein einen leichten Zug Richtung Rute bis zum ersten Widerstand ausübt. Bleiben Sie in der Position, bis Sie merken, dass der Gewebezug zwischen Ihren Händen nachlässt.

Wichtig

Geben Sie keinesfalls Druck von oben auf die Wirbelsäule. Es wird lediglich ein Zug in Längsrichtung ohne Druck in die Tiefe ausgeübt.

Dehnung des langen Rückenmuskels

Dehnung

Ihr Hund steht, Sie stehen seitlich daneben und berühren mit Ihrem seitlichen Unterschenkel seinen Brustkorb. Greifen Sie über den Hunderücken und legen Sie eine Hand auf die Schulter, die andere Hand auf die Hüfte.

Nun üben Sie jeweils mit den Händen an Schulter und Hüfte einen Schub in Ihre Richtung aus, während Ihr Bein den Hundekörper stabilisiert. Halten Sie die Position wie gewohnt für mindestens 30 Sekunden und gehen dann mit Ihren Händen langsam in die Ausgangsposition zurück.

Wichtig

Üben Sie hier auf keinen Fall eine zu starke Dehnung aus, sondern tasten sich langsam schubweise an den ersten Gewebewiderstand heran und achten Sie darauf, dass Sie nicht Ihr Schienbein gegen den Hund drücken.

Die Dehnung können Sie bei kleinen Hunden auch unter Zuhilfenahme einer weiteren Person ausführen, indem die Person eine stabilisierende Hand seitlich an den Brustkorb legt. Da der Rücken in der Regel beidseits verspannt ist, sollten immer beide Seiten massiert und gedehnt werden.

Wichtig

Eine Dehnung des Rückens darf nicht bei Bandscheibenproblemen und Spondylosen durchgeführt werden.

Mögliche Ursachen für eine verspannte Rückenmuskulatur

Übergewicht
Trächtigkeit
Untrainierte Bauchmuskulatur
Tragende Last auf dem Rücken oder seitlich am Geschirr
Apportieren und Tragen von schweren Gegenständen
Zu enge und schwere Brust- oder Zuggeschirre
Nicht gepolsterte und / oder nicht passende Geschirre
Wirbelsäulenerkrankungen
Nierenprobleme
Ballspiele
Agility
Frisbee
Rennsport
Jagdlicher Einsatz
Zughundesport
Erkrankungen des Magens und der Bauchspeicheldrüse (nahe TLÜ)
Blasenerkrankungen (im hinteren Lendenbereich)

6. Eigenmuskeln der Beckengliedmaße

Je nach Lage werden die Muskeln in äußere, innere, tiefe oder hintere Hüftgelenksmuskulatur unterteilt. Muskeln des Hüftgelenks sind stark ausgeprägt, da sie bei der Vorwärtsbewegung für die Schubübertragung auf den Rumpf sorgen.

Mittlerer Kruppenmuskel (M. gluteus medius) und oberflächlicher Kruppenmuskel (M. gluteus superficialis)

Sie zählen zur äußeren Hüftgelenksmuskulatur und werden auch Kruppenmuskeln genannt. Die Kruppenmuskeln, insbesondere der mittlere Kruppenmuskel, lässt sich mit dem sogenannten Elefantentrick effizient trainieren. Hunde, die unter Hüftgelenksdysplasie (HD) leiden, ziehen verstärkt die Hinterbeine an den Körper heran und tragen sich über die Adduktoren. Um dem entgegenzuwirken, müssen die Kruppenmuskeln gut ausgeprägt sein. Außerdem wird das Kniegelenk bei HD durch eine Beinachsenabweichung belastet, und auch hier wirkt ein kräftiger Kruppenmuskel dagegen. Laufen im Wasser, ein Ganzkorperworkout, trainiert sehr gut den mittleren Kruppenmuskel und ebenfalls den zweiköpfigen Oberschenkelmuskel, da der Hund im Wasser etwas breitbeiniger läuft (Wasserhöhe bis zur Rumpfmitte).

Der mittlere Kruppenmuskel und der dahinter liegende oberflächliche Kruppenmuskel, deren Trennung voneinander schwer zu fühlen ist, ziehen vom Darmbein beziehungsweise Kreuzbein, der Kruppenfaszie und dem Beckenband (Ligamentum sacrotuberale) zum Oberschenkel.

Die oberflächlichen Kruppenmuskeln strecken das Hüftgelenk und führen somit die Gliedmaße zurück. Der mittlere Kruppenmuskel spreizt zusätzlich das Bein ab (Abduktion). Eine weitere sehr wichtige Funktion ist das Stabilisieren des Hüftgelenks beim Auffußen. Wenn sich die Kruppenmuskulatur auf der Stützbeinseite (Bein hat Bodenkontakt) zusammenzieht, kann auf der anderen Seite das Bein vorgeführt werden (Hangbeinphase), ohne dass das Becken zu stark abkippt. Sie wirken, wie der Trapezmuskel vorne, als Antischwerkraftmuskel.

Bei jungen Hunden sind die Muskulatur und das Hüftgelenk noch nicht ausgereift, weshalb sie hinten einen wackelnden Gang zeigen. Dieser sogenannte LSÜ-Twist (horizontale Beckendrehung im Übergang zwischen Lendenwirbelsäule und Kreuzbein) gibt sich normalerweise nach etwa dem fünften Lebensmonat. Ist das nicht der Fall, handelt es sich um eine Ausweichbewegung. Dahinter steckt meist eine Hüftgelenksdysplasie (HD). Häufig davon betroffen sind der Deutsche Schäferhund, der Golden Retriever und der Labrador Retriever.

Mittlerer Kruppenmuskel mit Stresspunktzone

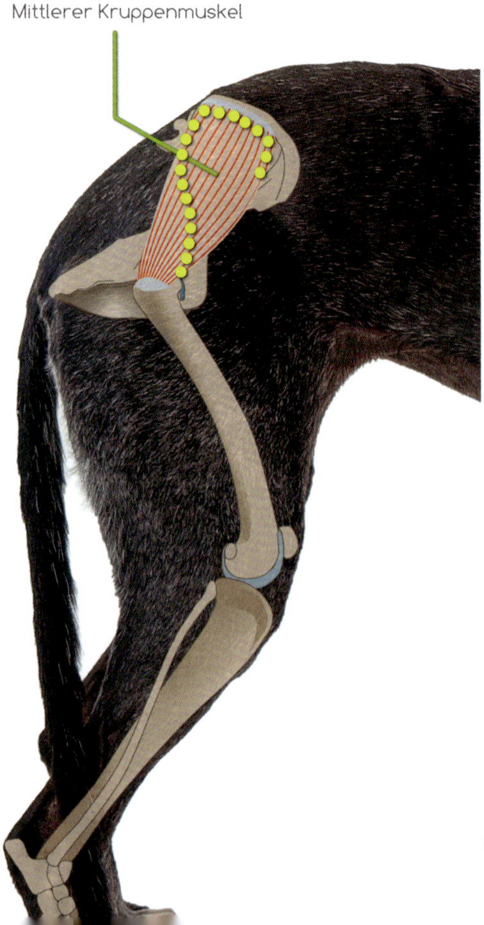

Oberflächlicher Kruppenmuskel und Spanner der Schenkelfaszie mit Stresspunktzonen

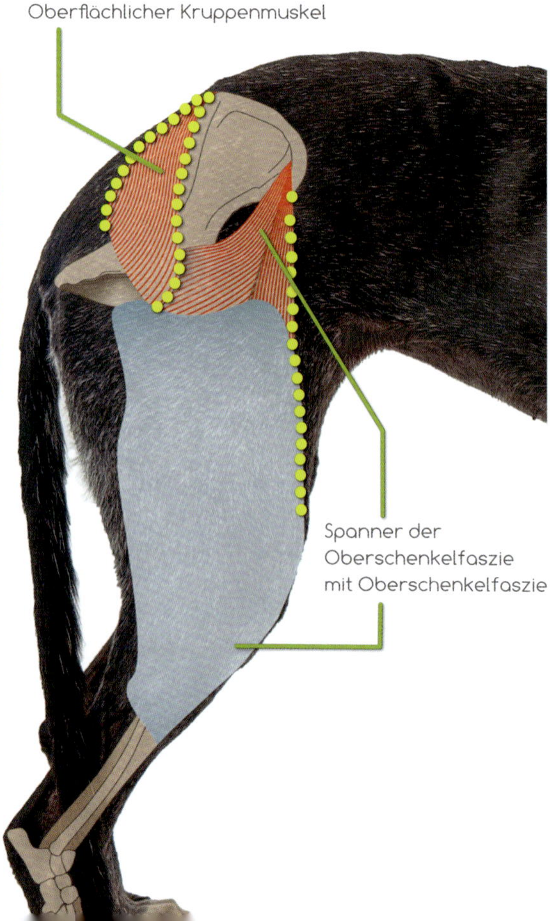

Anzeichen bei verspannter mittlerer und äußerer Kruppenmuskulatur

Schrittverkürzung	*Fehlstellung des Kreuz-Darmbeingelenks*
Verminderter Schub aus der Hinterhand	*Inkontinenz und andere Störungen der Blasenentleerung*
Pfotenschleifen (abgelaufene Krallen)	*Probleme beim Kotabsetzen*
Rutenschiefhaltung	*Probleme beim Hinlegen und Aufstehen*
Schiefes Gangbild	*Ungleichmäßig ausgeprägte Kruppenmuskulatur*
Verminderte Innenrotation der Gliedmaße	*Kalte Pfoten*

Stresspunktlage

Stresspunkte des mittleren Kruppenmuskels sind vor allem am vorderen Rand der Darmbeinschaufel und im oberen Bereich auf der Darmbeinschaufel zu finden.

Stellen Sie sich seitlich neben Ihren Hund und suchen den Kreuzbeinhöcker auf derselben Seite auf, indem Sie sich an der höchsten Stelle der Kruppe orientieren und dann mit den Fingern seitlich nach unten gleiten. Etwas unterhalb des Kreuzbeinhöckers fahren Sie mit punktuellem Druck in die Tiefe gehend Stück für Stück den vorderen Rand der Darmbeinschaufel mit Ihren Fingerkuppen bis zum Hüfthöcker ab und suchen zusätzlich nach Stresspunkten auf der Darmbeinschaufel.

Stresspunktlage des mittleren Kruppenmuskels

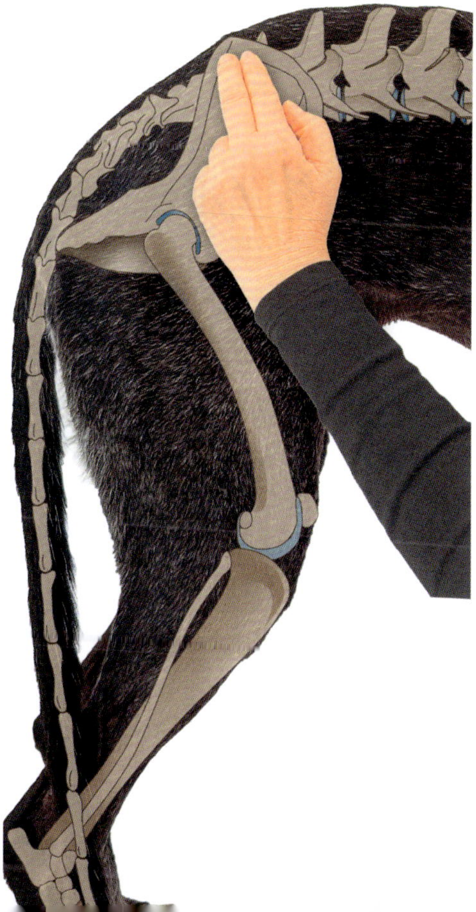

Im hinteren Bereich des mittleren Kruppenmuskels, angrenzend zum oberflächlichen Kruppenmuskel, können sich ebenfalls Stresspunkte zeigen. Fahren Sie in gleicher Weise nun entlang des Kreuzbeinhöckers hinunter zum großen Rollhügel des Oberschenkels. Stresspunkte des oberflächlichen Kruppenmuskels sind hauptsächlich in seinem Ursprung zu finden. Wieder vom Kreuzbeinhöcker ausgehend gleiten Sie nun entlang der Darmbeinschaufel Richtung Rute und suchen nach Stresspunkten am hinteren Rand der Darmbeinschaufel. Haben Sie einen druckempfindlichen Punkt gefunden, kann es sein, dass der Hund versucht das Hinterbein zu beugen, um dem Druck auszuweichen oder Sie ein Zucken entlang des Rückens und der Hinterhand sehen.

Stresspunktmassage

Zunächst streichen Sie den gesamten Muskelverlauf mehrmals aus und massieren dann mit flächiger Zirkelung weiter. Dabei legen Sie je nach Größe Ihres Hundes mehrere geschlossene Finger einer Hand flächig auf den Muskelbauch und die Finger der anderen Hand im rechten Winkel darüber. Bauen Sie nun mit den oberen Fingern Druck auf die darunter liegenden aus, die dann das Gewebe kreisend zur Seite schieben. Druck- und Schubphase wechseln sich dabei rhythmisch ab.

Flächige Zirkelung der Kruppenmuskulatur mit der Hand-auf-Hand-Technik

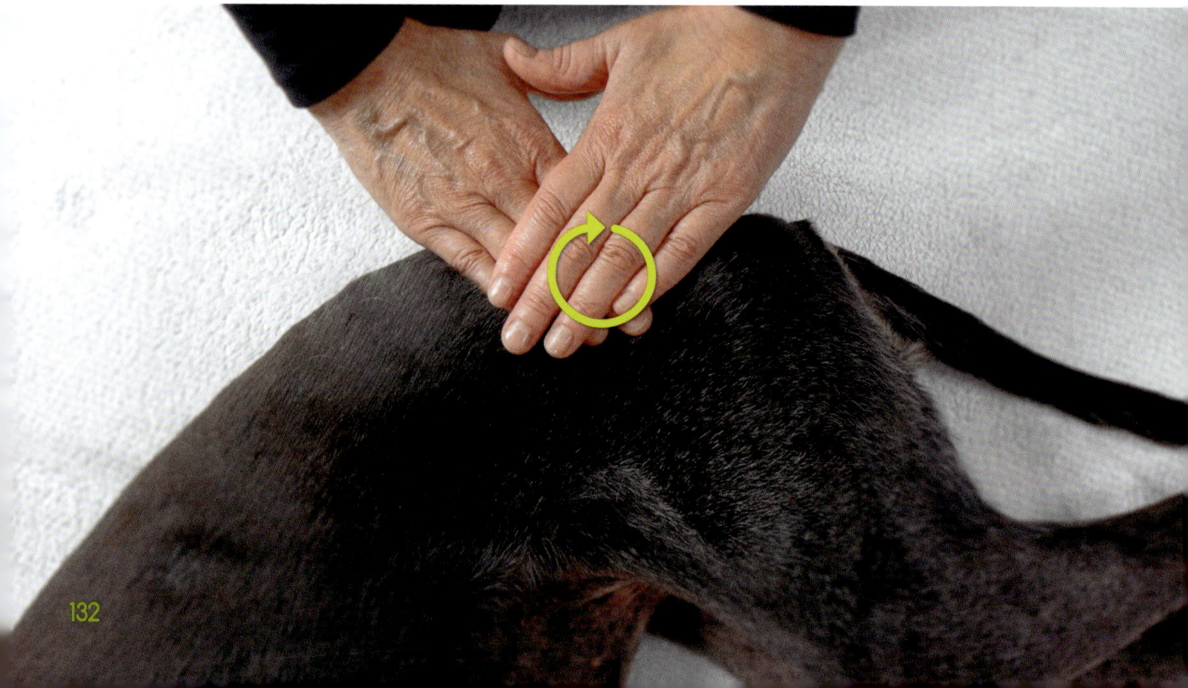

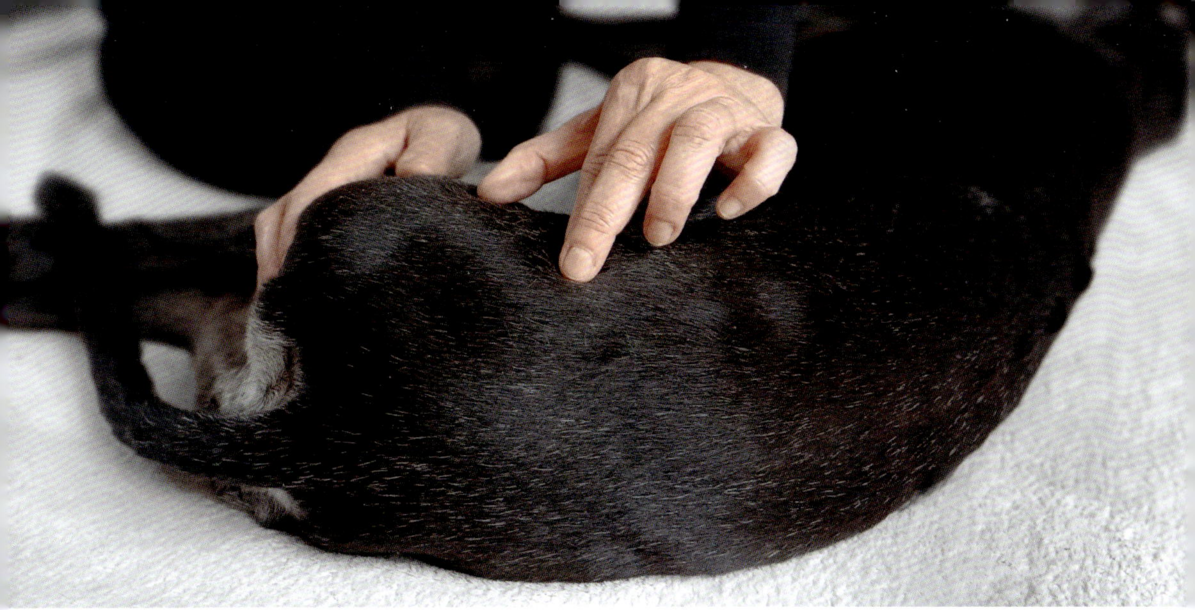

Querfriktion am mittleren Kruppenmuskel

Danach behandeln Sie die Stresspunkte wieder mit Querfriktion. Legen Sie Ihren Daumen oder Zeigefinger auf einen Stresspunkt und reiben punktuell in die Tiefe quer zur Muskelfaser. Die Arbeitsrichtung beim mittleren Kruppenmuskel geht schräg nach vorne und unten (kranioventral), die beim oberflächlichen Kruppenmuskel gerade nach vorne (kranial). Beginnen Sie die Friktion mit mittlerem Druck und erhöhen dann langsam die Intensität, vorausgesetzt, Ihr Hund toleriert dies.

Wichtig

Friktionen kommen nicht im Spalt zwischen Darmbeinschaufel und Kreuzbein zur Anwendung. Ist der Bereich sehr fest, kann das Kreuzdarmbeingelenk blockiert sein und muss durch einen Therapeuten gelöst werden.

Entspannung des Übergangs von der Lendenwirbelsäule zum Kreuzbein (lumbosakraler Übergang)

Der mittlere und oberflächliche Kruppenmuskel haben ihren Ursprung unter anderem an der Kruppenfaszie, und auch hier können sich Spannungen von einem Gewebe auf das andere übertragen. Um Spannungen in der Kruppenfaszie abzubauen, ist das Lösen des lumbosakralen Übergangs eine mögliche Behandlungsform.

Ihr Hund befindet sich in Brust-Bauch- oder Seitenlage, Sie befinden sich seitlich daneben auf Höhe der Lendenwirbelsäule in einer stabilen Position.

Entspannen des lumbosakralen Übergangs

Legen Sie die kopfnahe Hand quer auf die letzten Lendenwirbel, die andere Hand liegt in Längsrichtung auf dem Kreuzbein. Zunächst nähern Sie das Gewebe an, indem sich die Hand auf dem Kreuzbein leicht auf die andere Hand zubewegt, ohne auf dem Fell zu gleiten. Das Gewebe wird dadurch komprimiert. Diese Position halten Sie, bis die Spannung nachgibt. Danach bewegt sich die Hand in die entgegengesetzte Richtung, bis Sie eine Spannung spüren, die Sie dann ebenfalls halten, bis sich eine Entspannung einstellt.

Wichtig

Achten Sie darauf, dass Sie keinesfalls Druck von oben auf die Wirbelsäule ausüben. Es wird lediglich ein Druck beziehungsweise Zug in Längsrichtung ausgeübt.

Entspannen des Ligamentum sacrotuberale

Entspannung des Ligamentum sacrotuberale

Das Ligamentum sacrotuberale ist ein Band im Bereich des Beckens und verläuft von der Kreuzbeinspitze zum Sitzbeinhöcker. Es dient einigen kräftigen Muskeln als Ursprung, wie beispielsweise dem oberflächlichen Kruppenmuskel. Verspannungen dieser Muskulatur können sich auf das Band übertragen und umgekehrt.

Legen Sie Ihre Fingerbeeren flächig auf das Band und üben einen leichten Druck in die Tiefe bis zum Gewebewiderstand aus. Unter Beibehaltung der Druckstärke halten Sie die Position, bis Sie unter Ihren Fingern spüren, wie die Spannung nachlässt.

Dehnung der Kruppenmuskeln

Dehnung

Ihr Hund liegt auf der Seite, Sie befinden sich hinter ihm. Greifen Sie mit der einen Hand von oben an den Oberschenkel oberhalb des Kniegelenks und stabilisieren das Bein. Die andere Hand umfasst die Gliedmaße oberhalb des Sprunggelenks, und zwar so, dass Ihre Finger nach oben zeigen.

Wichtig

Bei Arthrose ist eine Beugung in den Gelenken nur eingeschränkt möglich. Sollte Ihr Hund eine Schutzspannung aufbauen, lassen Sie die Ursache von Ihrem Tierarzt abklären.

Indem Sie nun mit dieser Hand das Bein vorsichtig nach vorne führen, beugen Sie die Hüfte. Bewegen Sie die Gliedmaße noch zusätzlich zur Körpermitte, wird der mittlere Kruppenmuskel, der das Bein vom Körper abzieht, noch effektiver gedehnt. Die Adduktion in der Vorführphase entspricht zwar nicht dem physiologischen Bewegungsablauf, da das Bein in der Bewegung am Rumpf vorbeigeführt wird, für die Dehnübung ist das Heranziehen zur Körpermitte jedoch sinnvoll. Achten Sie auf den ersten Widerstand, halten Sie dann die Position für mindestens 30 Sekunden und gehen danach langsam in die Ausgangsposition zurück.

Mögliche Ursachen für Verspannungen der Kruppenmuskeln

Rückenprobleme	*Klettern*
Hüftprobleme	*Sprünge*
Darmbein- oder Kreuzbeinfehlstellungen	*Stemmen*
Erkrankungen des Urogenitalbereichs	*Zughundesport*
Ständiges Fußgehen	*Agility*
Hochlocken des Kopfes mit Futter (z. B. für Blickkontakt)	*Frisbee*
Hüten	*Flyball*
Buddeln	

Spanner der Oberschenkelfaszie (M. tensor fasciae latae)

Dieser Muskel gehört ebenfalls zur äußeren Hüftgelenksmuskulatur. Er entspringt am Hüfthöcker und aus der Sehnenplatte des mittleren Kruppenmuskels und geht seitlich in die Oberschenkelfaszie über, durch die er am Knie und am Schienbein ansetzt. Der Muskel beugt das Hüftgelenk beim Vorführen der Hintergliedmaße, spannt die Oberschenkelfaszie an und streckt so das Knie.

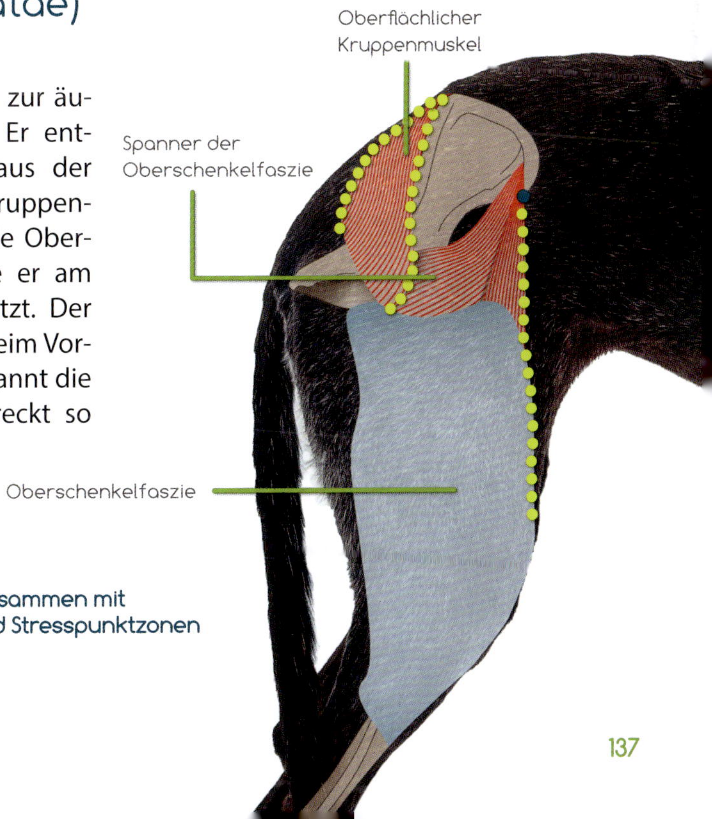

Spanner der Oberschenkelfaszie zusammen mit oberflächlichem Kruppenmuskel und Stresspunktzonen

Anzeichen bei Verspannung des Spanners der Oberschenkelfaszie

Verminderte Hüftstreckung
Geringere Kniebeugung
In der Vorwärtsbewegung geht der Schwung der Gliedmaße von außen nach innen
Leichte Außenrotation der Hinterhand
Steifer Gang der Hintergliedmaßen
Keine raumgreifenden Schritte der Hinterhand
Kompensation der Bewegungseinschränkung über seitliche Bewegung Der Lendenwirbelsäule (LSÜ-Twist)
Probleme beim Aufstehen und Hinlegen
Probleme beim Strecken
Eingeschränkte Seitwärtsbewegung
Schwierigkeiten beim Treppensteigen
Probleme beim Springen

Stresspunktlage

Unterhalb des Hüfthöckers können sich Stresspunkte des Spanners der Oberschenkelfaszie bilden. Sie befinden sich seitlich am stehenden Hund. Suchen Sie nun auf der Seite den Hüfthöcker auf und geben einen vorsichtigen Druck mit der Daumenbeere von unten gegen den Hüfthöcker. Weicht Ihr Hund dem Druck aus oder spannt er das Bein an, haben Sie einen Stresspunkt gefunden.

Weitere Stresspunkte können sich aufgrund der Faszie bis hinunter zum Knie zeigen. Suchen Sie entlang der Muskelkante vom Hüfthöcker bis zum Knie nach Stresspunkten.

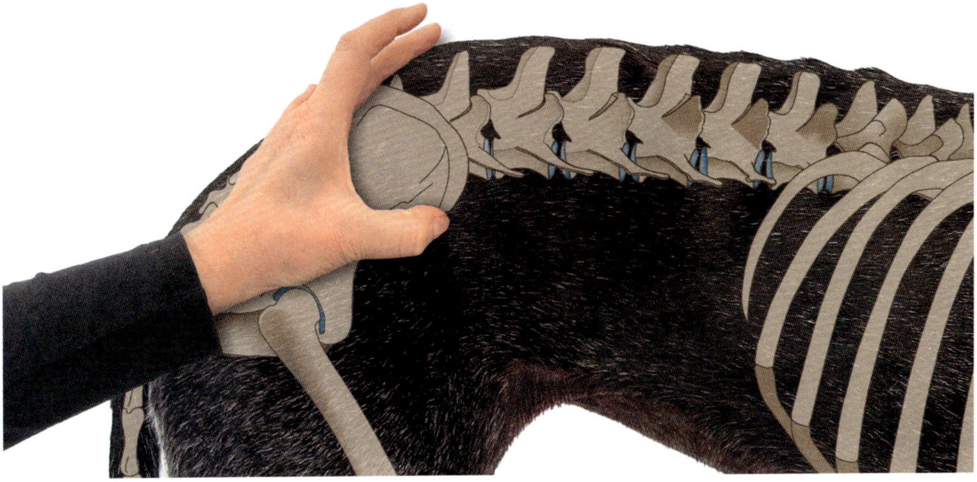

Stresspunktlage des Spanners der Oberschenkelfaszie

Stresspunktbehandlung

Der Hund liegt in Seitenlage mit dem Bauch oder Rücken zu Ihnen. Beginnen Sie mit ausgiebigen Streichungen und anschließenden Einhandknetungen des gesamten Muskels. Bei der Knetung liegt der Muskelbauch zwischen Handfläche und Daumenballen der einen Hand, während die andere Hand das Bein von unten stützt. Ausgeführt wird die Massage, wie bereits in den Grundlagen unter „Knetung" beschrieben.

Einhandknetung am Oberschenkel

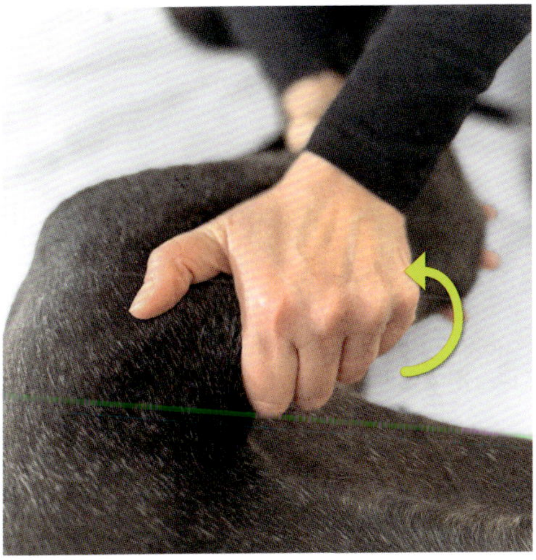

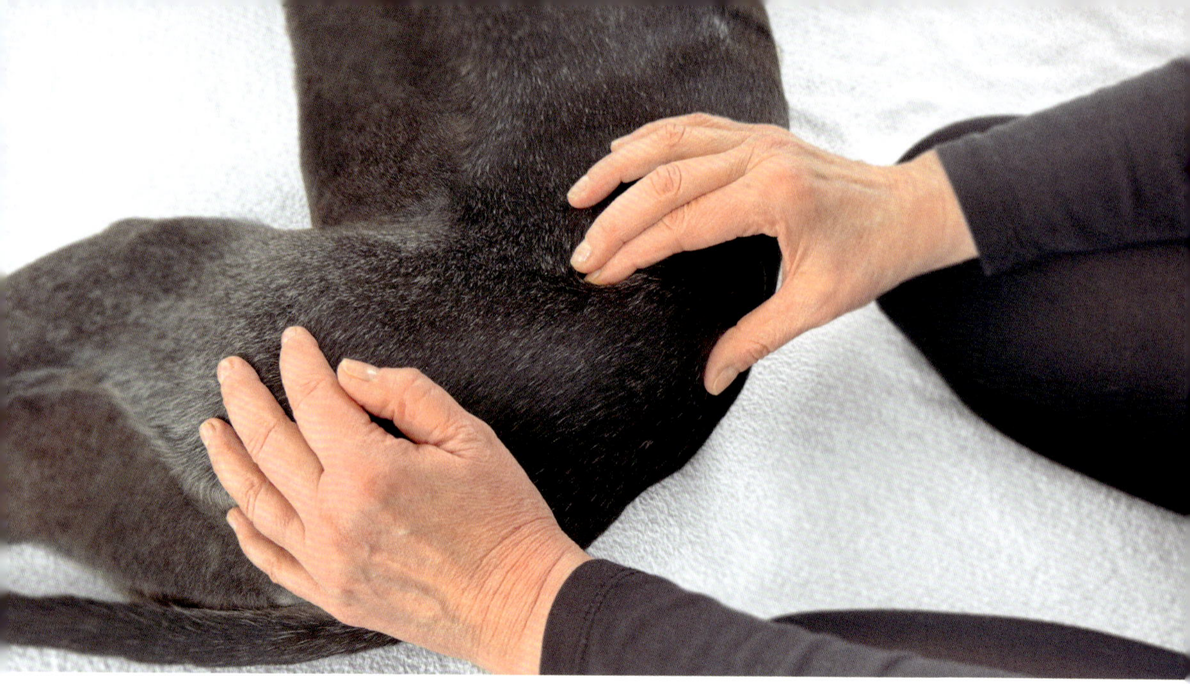

Querfriktion am Spanner der Oberschenkelfaszie am Hüfthöcker

Zur Stresspunktbehandlung legen Sie nun die Kuppe Ihres Zeigefingers, gegebenenfalls zusammen mit dem Mittelfinger, auf den Stresspunkt und üben eine in die Tiefe gehende Querfriktion nach vorne (kranial) aus. Befinden sich die Stresspunkte im unteren Muskelbereich, sollten Sie Ihre andere Hand zur Stabilisierung der Gliedmaße an die Schenkelinnenseite legen.

Entspannungstechnik der Oberschenkelfaszie

Die Faszie liegt seitlich am Oberschenkel an und überzieht die dortigen Muskeln. Zur Entspannung der Schenkelfaszie liegt der Hund auf der Seite, Sie befinden sich hinter ihm. Legen Sie eine Hand auf den Oberschenkel des Hundes. Das Bein liegt locker in Ruhestellung, gegebenenfalls unterstützt durch die andere Hand. Lassen Sie nun die Hand am Oberschenkel durch die Wärme und das Eigengewicht der Hand ins Gewebe einsinken, ohne zusätzlich Druck auszuüben. In dieser Position gleiten Sie mit der Hand ein Stück nach oben und dann nach unten und fühlen, in welche Richtung Sie die Bewegung leichter ausführen können. Danach legen Sie die Hand in die Ausgangsstellung zurück und schieben sie dann nach links und nach rechts und merken sich wieder, in welche Richtung die Hand leichter gleitet.

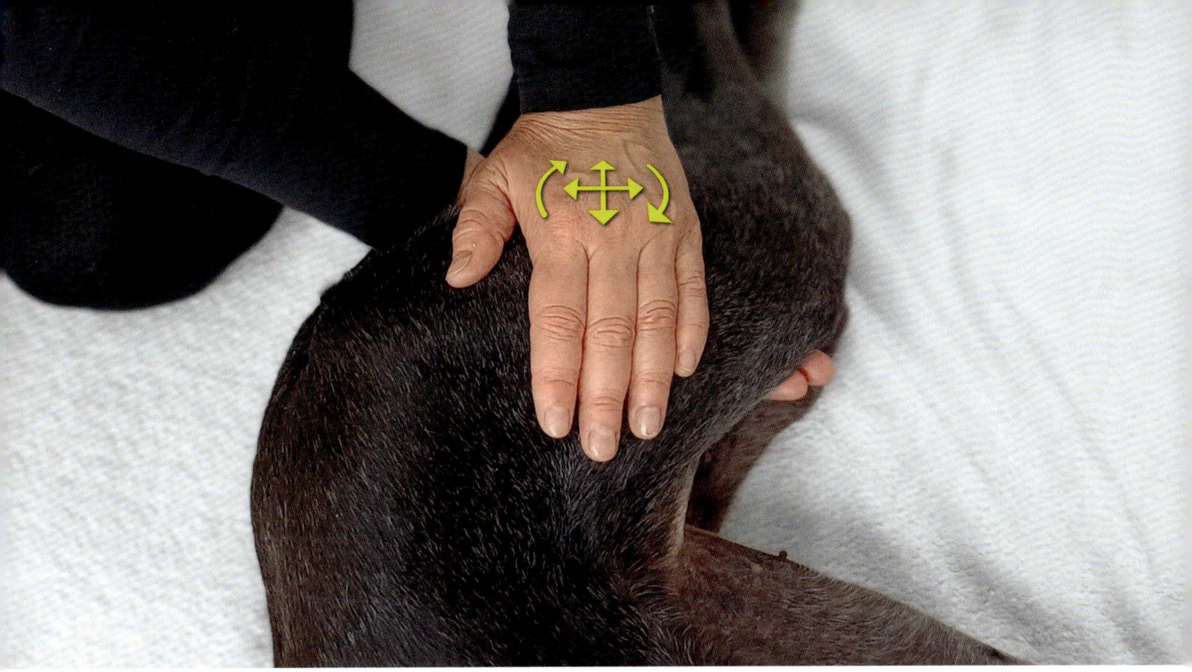

Entspannungstechnik der Oberschenkelfaszie

Nun gehen Sie mit Ihrer Hand zum zweiten Mal in die Ausgangsstellung zurück, lassen sich erneut ins Gewebe einsinken und drehen nun die Hand nach rechts und nach links und merken sich, ob die Links- oder Rechtsrotation besser möglich war.

Jetzt müssen Sie die freien Richtungen „stapeln". Ihre Hand, eingesunken im Gewebe, befindet sich wieder in Ausgangsstellung. Gleiten Sie nun nach oben oder unten, je nachdem, in welche Richtung Ihre Hand sich leichter verschieben ließ. Von da aus (nicht zur Ausgangsstelle zurückkehrend) verschieben Sie nun die Hand nach links oder rechts in die freiere Richtung. Zum Schluss drehen Sie von dort aus Ihre Hand in die Richtung, in die sie sich besser rotieren ließ. Diese Position halten Sie für maximal 90 Sekunden, bis Sie unter Ihrer Hand spüren, wie das Gewebe weicher wird. Auf die Weise bearbeiten Sie Stück für Stück den Oberschenkel.

Dehnung

Für die Muskeldehnung liegt der Hund in Seitenlage mit dem zu dehnenden Bein oben. Legen Sie die kopfferne Hand auf die Darmbeinschaufel, stabilisieren so den Hüftbereich. Sie können so gleichzeitig die Anspannung im Lendenbereich spüren.

Mit der anderen Hand greifen Sie von unten an das Knie, während gleichzeitig das Hundebein (bei großen Hunden) auf Ihrem Unterarm ruht.

Nun führen Sie die Gliedmaße nach hinten, wobei das Bein nicht vom Körper abgespreizt werden sollte. Führen Sie es eher leicht in Richtung Boden, was einem physiologischen Bewegungsablauf entspricht. Halten Sie die Position für maximal zwei Minuten und führen das Bein dann langsam in die Ausgangsposition zurück. Es ist bei der Dehnung darauf zu achten, dass das Hinterbein nur so weit zurückgeführt wird, dass die Wirbelsäule nicht ins Hohlkreuz gezogen wird und Sie mit dem Bein in der Bewegungsachse bleiben.

Dehnung des Spanners der Schenkelfaszie

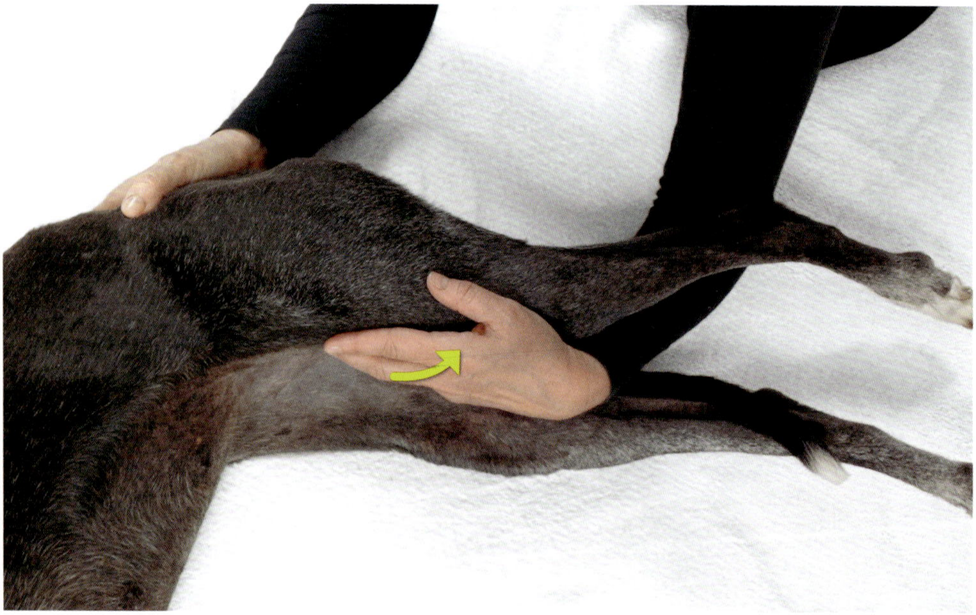

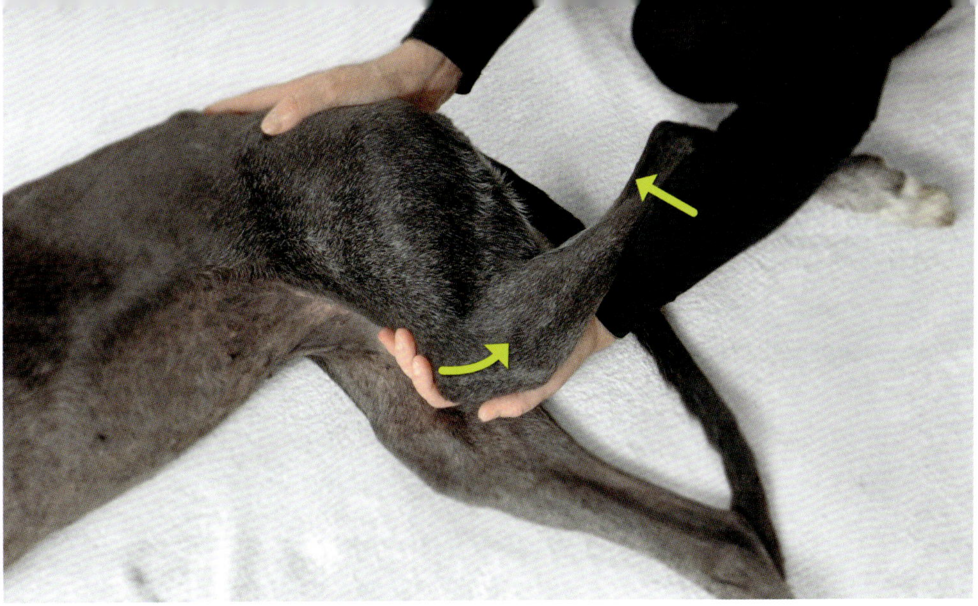

Dehnung der Schenkelfaszie mit zusätzlicher Kniebeugung

Sind Sie geübt, können Sie zusätzlich das Knie beugen, um den Muskel in seiner gesamten Länge zu dehnen. Sie beugen das Knie, führen das Bein nach innen und gehen dann in die Streckung der Hüfte nach hinten.

Wichtig

Bei Arthrose im Hüftgelenk ist die Hüftgelenkstreckung eingeschränkt. Sollte Ihr Hund bei der Dehnung eine Schutzspannung aufbauen, brechen Sie die Übung ab und fragen Ihren Tierarzt oder Hundetherapeuten.

Mögliche Ursachen für Verspannungen des Spanners der Oberschenkelfaszie

Viele Sprünge wie beispielsweise beim Agility, Frisbee oder Flyball	*Klettern*
Ständiges Fußgehen	*Stemmen*
Hochlocken des Kopfes mit Futter (z. B. für Blickkontakt)	*Bei Problemen in der Hüfte (zum Beispiel Hüftgelenksdysplasie)*
Hüten	*Fehlstellung der Wirbel im Kreuzdarmbeingelenk*
Buddeln	*Bei Knieproblemen (beispielsweise im Meniskus oder Kreuzband)*

Zweiköpfiger Oberschenkelmuskel (M. biceps femoris)

Der zweiköpfige Oberschenkelmuskel zählt zur hinteren Hüftgelenksmuskulatur, wie auch der halbsehnige Muskel (M. semitendinosus) und der halbhäutige Muskel (M. semimembranosus). Zusammen werden sie auch als lange Sitzbein- oder Hinterbackenmuskulatur (Hamstrings) bezeichnet.

Insgesamt lassen sich die Muskeln durch Bergauf- oder Rückwärtsgehen aufbauen. Laufen im Wasser beansprucht aufgrund der breitbeinigen Bewegung der Hinterläufe, insbesondere den zweiköpfigen Oberschenkelmuskel. Isometrisch gekräftigt werden alle drei Muskeln durch Druck über die Brust nach hinten Richtung Rute oder auch diagonal zur gegenüberliegenden Hüfte.

Der zweiköpfige Oberschenkelmuskel ist einer der stärksten Muskeln des Körpers und derjenige, der von den drei Muskeln am weitesten außen am Bein sitzt und flächig den Oberschenkel entlang zieht. Mit seiner relativ breiten Muskelmasse lässt sich der zweiköpfige Oberschenkelmuskel gut ertasten. Der Muskel besitzt, wie der Name schon sagt, zwei Köpfe, die ihren Ursprung am Sitzbeinhöcker haben. Der vordere Kopf entspringt zusätzlich am Band zwischen Kreuzbein und Sitzbeinhöcker (Ligamentum sacrotuberale). Der Muskel strahlt in die Oberschenkel-, Knie- und Unterschenkelfaszie ein. Auf dem Weg zum Unterschenkel spaltet er sich in zwei Anteile auf. Während beide Portionen noch am oberen Schienbein ansetzen, trennt sich ein Teil im hinteren Bereich ab und setzt am Fersenbeinhöcker (Tuber calcanei) an.

Zweiköpfiger Oberschenkelmuskel mit Stresspunktzone

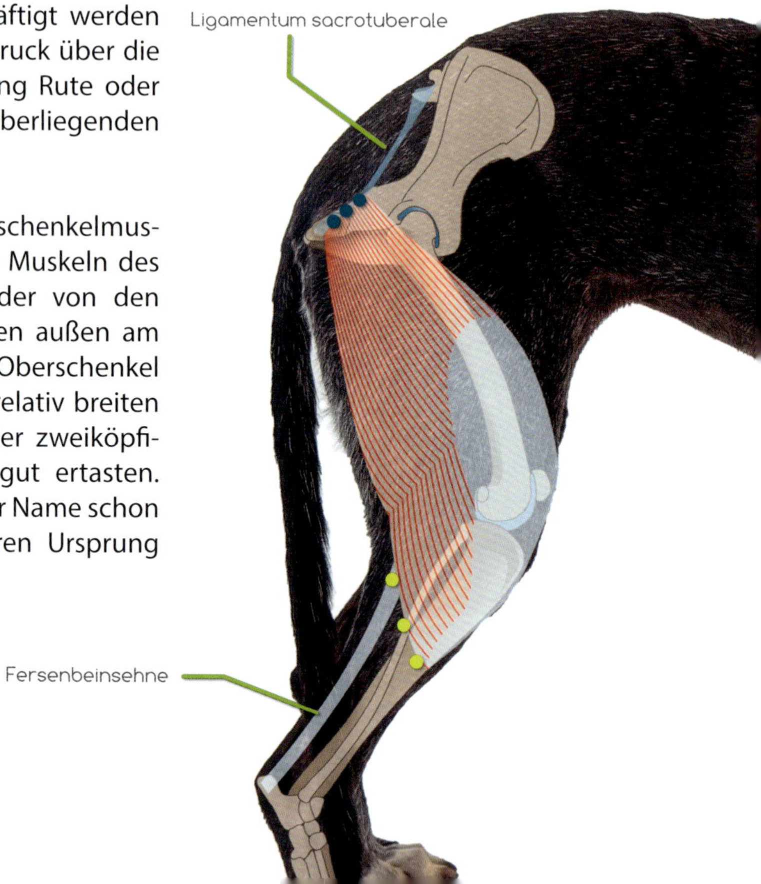

Der halbsehnige Muskel (M. semitendinosus) und halbhäutige Muskel (M. semimembranosus)

Der halbsehnige Muskel beginnt am Sitzbeinhöcker und zieht zum Schienbein, wobei sein Verlauf eher nach innen Richtung Kniekehle geht und dort einen Übergang in eine lange Sehne, der Fersenbeinsehne, hat. Er setzt ebenfalls am Fersenbeinhöcker an. Der halbhäutige Muskel entspringt am Sitzbeinhöcker und setzt innen am Oberschenkel beziehungsweise innen am Schienbein an. Er hat keine Abspaltung in die Fersenbeinsehne.

Halbsehniger Muskel mit Stresspunktzone

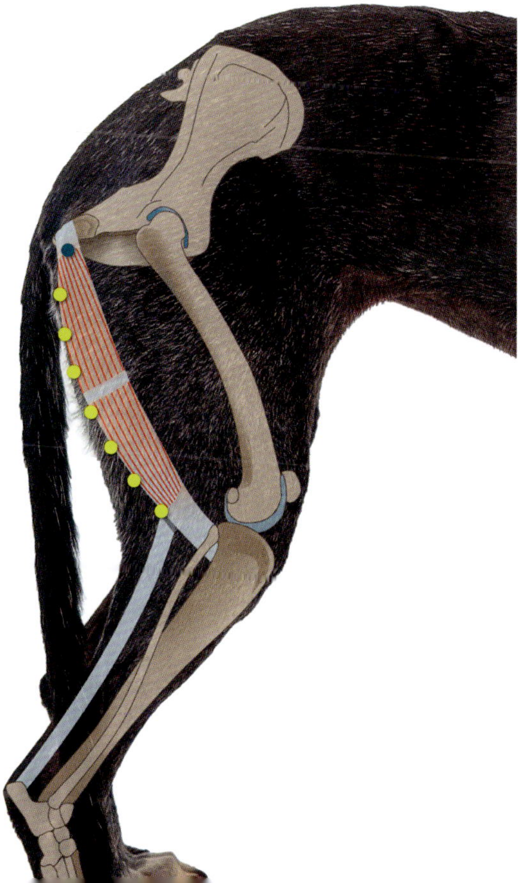

Halbhäutiger Muskel mit Stresspunktzone

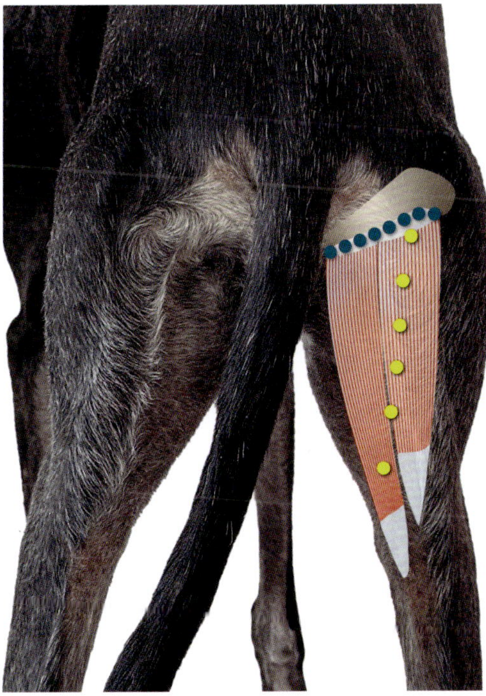

Alle drei Muskeln sind Strecker und Beuger, je nachdem, ob sich das Bein in der Stützbein- oder Hangbeinphase befindet. Wenn das Bein Bodenkontakt hat (Stützbeinphase), wird über alle drei Muskeln eine Streckung im Hüft- und Kniegelenk erreicht. Da der zweiköpfige Oberschenkelmuskel und der halbsehnige Muskel noch am Fersenbeinhöcker ansetzen, wird zusätzlich das Sprunggelenk gestreckt. Damit haben die beiden Muskeln beim Auffußen auf die gesamte Gliedmaße einen Einfluss. Wenn das Bein keinen Bodenkontakt hat (Hangbeinphase), dann beugen alle drei Muskeln das Kniegelenk, der zweiköpfige Oberschenkelmuskel beugt zudem noch die Hüfte. Außerdem kann er das Bein vom Körper abziehen, während die beiden anderen Muskeln durch ihren Verlauf das Bein nach innen führen. Durch den halbhäutigen Muskel wird die Gliedmaße zusätzlich noch nach innen rotiert.

Anzeichen für Verspannungen der langen Sitzbeinmuskeln

Schwungverlust der Hinterhand
Verkürzte Schrittlänge (beim halbhäutigen Muskel zusätzlich noch nach innen gerichtet)
Steifer Gang
Fehlende Knieaktion
Zu gerades Sprunggelenk (zweiköpfiger Oberschenkelmuskel und halbsehniger Muskel)
Pfotenschleifen (abgelaufene Krallen)
Schaufelnde Bewegung beim Vorführen der Hintergliedmaße
Einwärtsdrehen des Kniegelenks und Auswärtsdrehen des Sprunggelenks am Ende der Schwungphase (halbsehniger Muskel)
Tiefe Kopfhaltung (Entlastung der Hinterhand)
LSÜ-Twist
Diagonales Laufen
Sprungverlust
Probleme beim Treppensteigen
Schwierigkeiten beim Hinlegen
Probleme in Wendungen

Stresspunktlage des zweiköpfigen Oberschenkelmuskels

Prüfen Sie den Spannungszustand längs des Ligamentum sacrotuberale vom Kreuzbeinhöcker beziehungsweise ersten Schwanzwirbel bis zum Sitzbeinhöcker. Danach gehen Sie mit dem Daumen an die Außenseite des Sitzbeinhöckers und üben Druck seitlich gegen den Knochen aus. Suchen Sie dann nach weiteren Stresspunkten an der Außenseite des Oberschenkels Richtung Knie. Außerdem können sich im unteren Drittel des Muskels, an der Abspaltung der Fersenbeinsehne bis zum seitlichen Ansatz am Schienbein ebenfalls Stresspunkte befinden.

Weicht Ihr Hund dem Druck aus oder beugt er das Bein auf derselben Seite, haben Sie einen verspannten Bereich gefunden.

Stresspunktlage des zweiköpfigen Oberschenkelmuskels am Beckenband

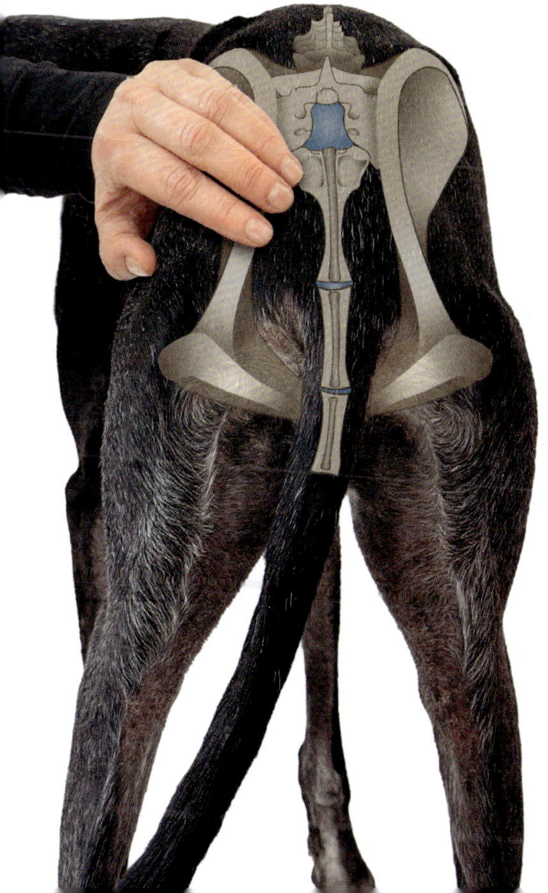

Stresspunktlage des zweiköpfigen Oberschenkelmuskels außen am Sitzbeinhöcker

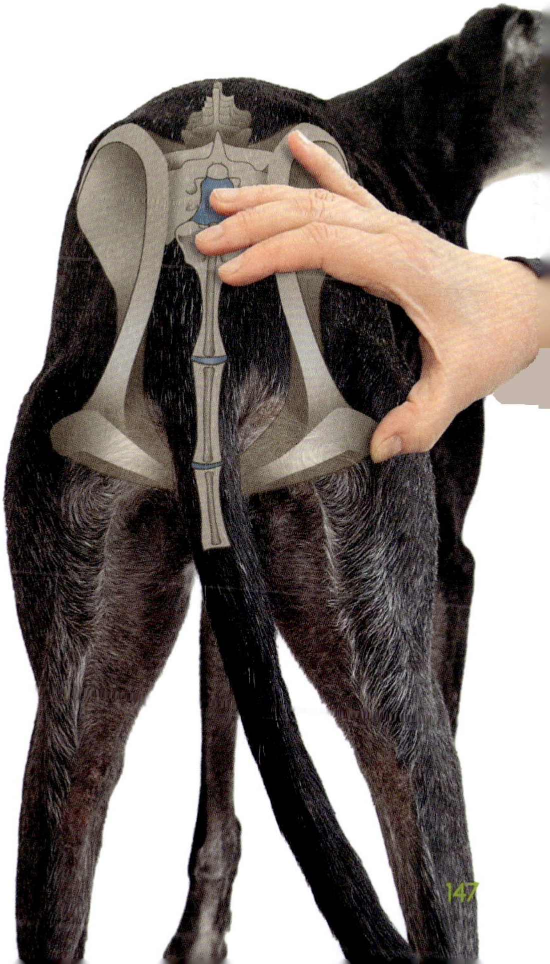

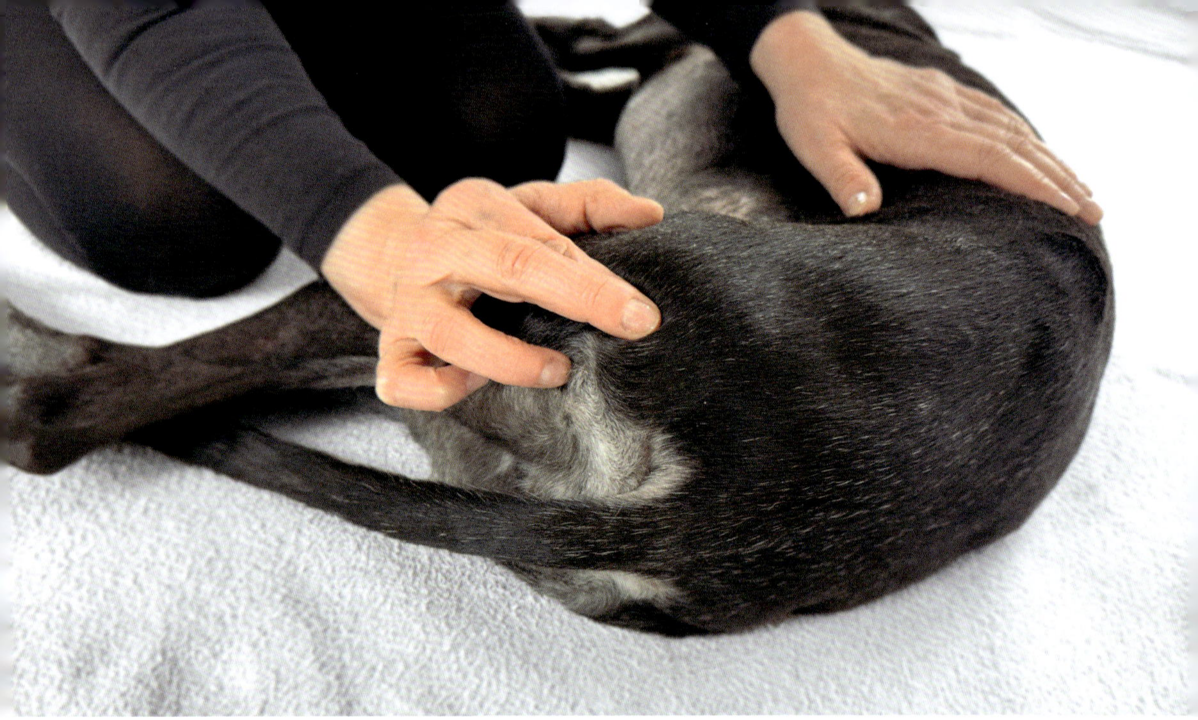

Querfriktion am zweiköpfigen Oberschenkelmuskel

Stresspunktmassage des zweiköpfigen Oberschenkelmuskels

Fangen Sie auch hier mit ausgiebigen Streichungen der gesamten Außenseite des Oberschenkels an. Danach massieren Sie mit flächiger Zirkelung, wie schon bei der Kruppenmuskulatur, weiter. Dabei legen Sie je nach Größe Ihres Hundes mehrere geschlossene Finger einer Hand flächig auf den Muskelbauch und die Finger der anderen Hand im rechten Winkel darüber. Bauen Sie nun mit den oberen Fingern Druck auf die darunter liegenden Finger aus, die dann das Gewebe kreisend zur Seite schieben. Druck- und Schubphase wechseln sich dabei rhythmisch ab. Zum Schutz der darunter liegenden Gliedmaße können Sie eine Decke oder ein flaches Kissen zwischen die Beine legen. Die Stresspunkte behandeln Sie mit der Finger- oder Daumenfriktion quer zum Faserverlauf schräg nach hinten und unten (kaudoventral).

Stresspunktlage des halbsehnigen und halbhäutigen Muskels

Sie befinden sich hinter dem stehenden Hund. Suchen Sie wieder den Sitzbeinhöcker der jeweiligen Seite auf und beginnen nun nicht ganz außen am Sitzbeinhöcker wie beim zweiköpfigen Oberschenkelmuskel, sondern etwas daneben und arbeiten sich dann punktuell drückend am Knochen des Sitzbeins entlang nach innen vor. Dabei wird der Druck immer leicht schräg von unten zum Sitzbein ausgeführt. Sie können mit dem Daumen oder den Fingern nach Stresspunkten suchen.

Weitere Stresspunkte können sich entlang des Muskelverlaufs auf dem hinteren Oberschenkel und in der Oberschenkelinnenseite bis zur Kniekehle beziehungsweise innen am Schienbein befinden.

Der halbhäutige Muskel wird auf der Innenseite vom Schlankmuskel (M. gracilis) bedeckt. Haben Sie einen Stresspunkt gefunden, wird auch hier der Hund dem Druck ausweichen wollen oder das Knie beugen.

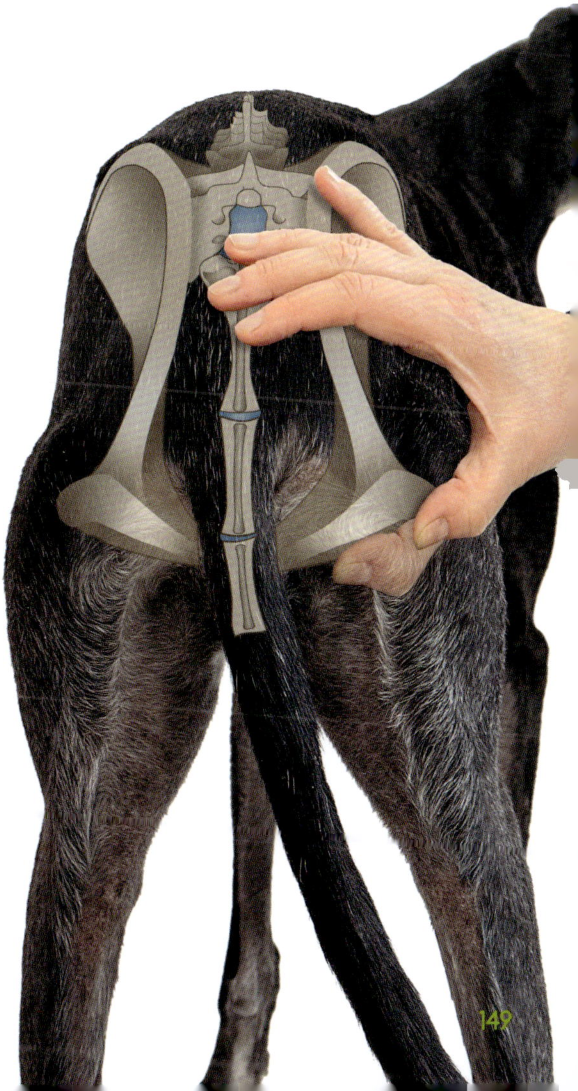

Stresspunktlage des halbsehnigen und halbhäutigen Muskels

Stresspunktmassage des halbsehnigen und halbhäutigen Muskels

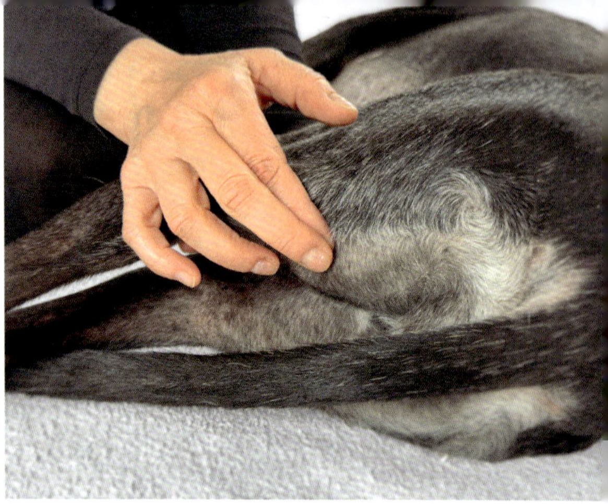

Querfriktion an der Semigruppe

Zunächst streichen Sie den Muskel aus und fahren mit der Einhandknetung fort. Nehmen Sie die Hinterbackenmuskulatur zwischen Handfläche und Daumenballen, die andere Hand unterlagert die Gliedmaße. Nun kneten Sie den Muskel in einer Auf- und Abwärtsbewegung zwischen Daumenballen und Handfläche, sodass abwechselnd eine Schub- und Zugbewegung auf das Gewebe ausgeübt wird.

Anschließend gehen Sie in die Stresspunktbehandlung über. Legen Sie den Zeigefinger mit Unterstützung des Mittelfingers auf den Stresspunkt und reiben die Muskelfasern beider Muskeln quer zum Verlauf nach vorne (kranial). Gegebenenfalls liegt das zu behandelnde Bein unten, da insbesondere der halbhäutige Muskel an der Oberschenkelinnenseite entlang läuft.

Entspannung des Ligamentum sacrotuberale

Der vordere Kopf des zweiköpfigen Oberschenkelmuskels hat Verbindung zum Ligamentum sacrotuberale. Verspannungen des Muskels haben damit auch einen Einfluss auf das Band und

Entspannung des Ligamentum sacrotuberale

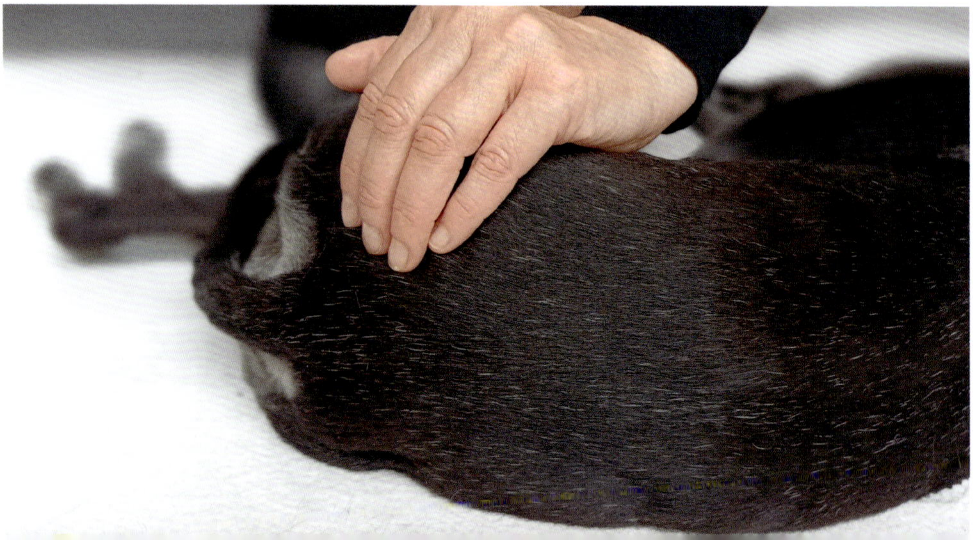

umgekehrt. Legen Sie Ihre Fingerbeeren flächig auf das Band und üben einen leichten Druck in die Tiefe bis zum Gewebewiderstand aus. Unter Beibehaltung der Druckstärke halten Sie die Position, bis Sie unter Ihren Fingern spüren, wie die Spannung nachlässt.

Der zweiköpfige Oberschenkelmuskel verschmilzt mit den Faszien des Oberschenkels, des Knies und des Unterschenkels. Verspannungen können sich vom Muskel auf die Faszien und umgekehrt übertragen.

Entspannungstechnik der Oberschenkelfaszie

Der Hund befindet sich in Seitenlage. Sie sind auf Höhe der Hintergliedmaße und legen Ihre Hand auf den Oberschenkel des Hundes. Das Bein liegt locker in Ruhestellung. Lassen Sie Ihre Hand ins Gewebe einsinken, ohne zusätzlich Druck auszuüben. In der Position gleiten Sie mit der Hand ein Stück nach oben und dann nach unten und fühlen, in welche Richtung Sie leichter gleiten können. Danach legen Sie die Hand in die Ausgangsstellung zurück und schieben sie dann nach links und nach rechts und merken sich wieder die freiere Richtung.

Anschließend legen Sie die Hand wieder zurück, lassen sie ins Gewebe einsinken und drehen sie nun nach rechts und nach links und merken sich, in welche Richtung sich die Hand leichter rotieren lässt. Nun müssen Sie die freien Richtungen „stapeln". Ihre Hand, eingesunken im Gewebe, befindet sich wieder in Ausgangsstellung.

Gleiten Sie nun nach oben oder unten, je nachdem, in welche Richtung Ihre Hand sich leichter verschieben ließ. Von da aus (nicht zur Ausgangsstelle zurückkehrend) verschieben Sie nun die Hand nach links oder rechts in die freiere Richtung.

Entspannungstechnik der Oberschenkelfaszie

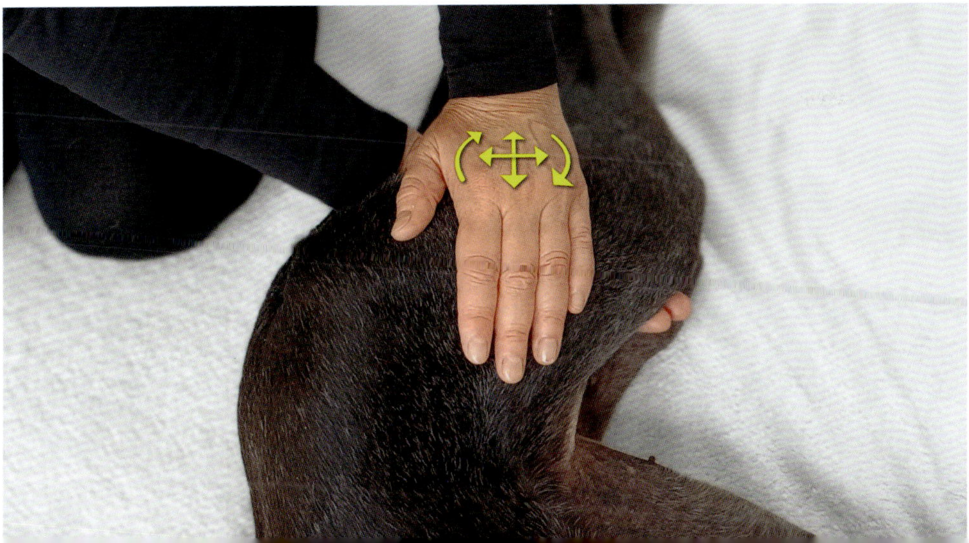

Zum Schluss drehen Sie von dort aus Ihre Hand in die Richtung, in die sie sich besser rotieren ließ. Diese Position halten Sie für maximal 90 Sekunden, bis Sie unter Ihrer Hand spüren, wie das Gewebe weicher wird. Auf die Weise bearbeiten Sie Stück für Stück den Oberschenkel.

Entspannung der Kniefaszie

Durch Beugung des Kniegelenks wird die Kniefaszie gedehnt und damit entspannt. Der Hund liegt auf der Seite mit dem Rücken zu Ihnen. Der Oberschenkel wird zum Stabilisieren oberhalb des Kniegelenks mit der kopfnahen Hand umfasst. Mit der anderen Hand umgreifen Sie das Bein unterhalb des Sprunggelenks und beugen nun das Knie- und Sprunggelenk. Halten Sie die Position für mindestens 30 Sekunden.

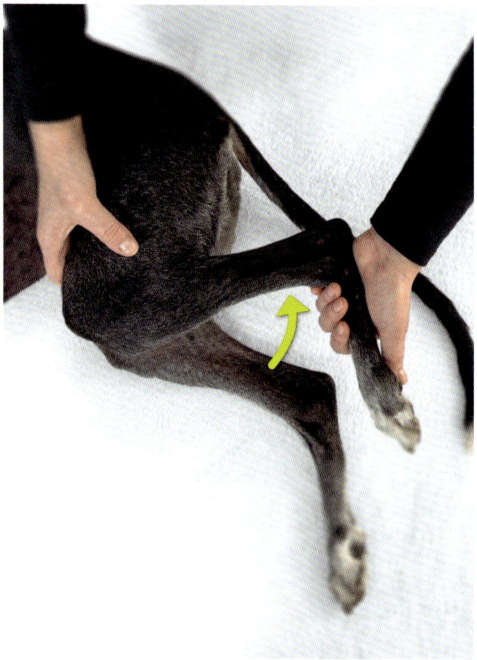

Entspannung der Kniefaszie

Wichtig

Bei Arthrose im Knie- und Sprunggelenk ist eine Beugung nur begrenzt möglich. Führen Sie die Dehnung nicht gegen den Widerstand Ihres Hundes aus.

Faszienlift der Unterschenkelfaszie

Eine Möglichkeit, die Spannung der Unterschenkelfaszie zu normalisieren, ist der Faszienlift.

Sie verfahren in gleicher Weise wie beim Faszienlift an der vorderen Gliedmaße, nur dass Sie jetzt die Hintergliedmaße unterhalb des Sprunggelenks zwischen Ihre Hände beziehungsweise Finger nehmen und nur so viel Druck aufwenden, dass Sie das Gewebe gegen die Schwerkraft nach oben verschieben können, ohne auf dem Fell zu gleiten. Auch hier halten Sie die Position beim ersten Widerstand für mindestens zehn Sekunden, bis die Struktur nachgibt, bevor Sie Ihre Hände ein kleines Stück weiter oben erneut auflegen. So arbeiten Sie sich langsam bis zum Knie vor. Nicht nur der zweiköpfige Oberschenkelmuskel, sondern auch der halbsehnige Muskel verschmilzt mit der Unterschenkelfaszie.

Dehnung der langen Sitzbeinmuskulatur

Der Hund liegt auf der Seite, Sie befinden sich in stabiler Position auf Höhe der Kruppe. Greifen Sie mit der einen Hand von oben an den Oberschenkel oberhalb des Kniegelenks und stabilisieren das Bein. Die andere Hand umfasst das Bein unterhalb des Sprunggelenks, und zwar so, dass Ihre Finger nach oben zeigen. Führen Sie nun mit dieser Hand die Gliedmaße vorsichtig nach vorne und achten Sie auf den ersten Widerstand. In dieser Position ist die Hüfte gebeugt und das Knie gestreckt und wenn möglich, das Sprunggelenk gleichzeitig leicht gebeugt. Dadurch wird der zweiköpfige Oberschenkelmuskel und der halbsehnige Muskel zusätzlich gedehnt.

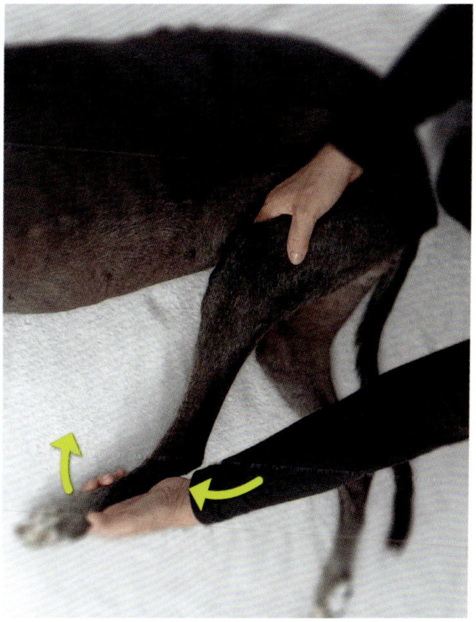

Dehnung mit Hüftbeugung, Kniestreckung und leichter Sprunggelenksbeugung

Bei dieser Übung ist die Gliedmaße zusätzlich in Richtung Körpermitte (Adduktion) geführt worden, um den zweiköpfigen Oberschenkelmuskel in seiner ganzen Länge zu dehnen, auch wenn es nicht einem physiologischen Bewegungsablauf entspricht.

Das Bein muss beim Vorführen in der Bewegung am Rumpf vorbeigeführt werden, da es ansonsten an den Bauch stößt.

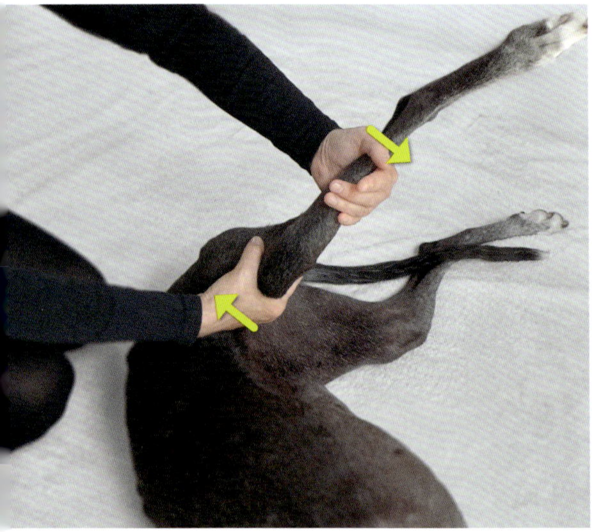

Dehnung des halbhäutigen Muskels durch Abduktion der hinteren Gliedmaße bei Hüftbeugung und Kniestreckung

Soll nur der halbhäutige Muskel gedehnt werden, wird die Gliedmaße vom Körper abgespreizt (Abduktion) und gleichzeitig die Hüfte gebeugt und das Knie gestreckt.

Wichtig

Baut Ihr Hund bei den Dehnübungen eine Schutzspannung auf, klären Sie die Ursache mit Ihrem Tierarzt ab.

Mögliche Ursachen für Verspannungen der langen Sitzbeinmuskulatur

Hüftprobleme (z. B. Hüftgelenkdysplasie)
Knieprobleme (z. B. Meniskusprobleme, Kreuzbandriss, verschobene Kniescheibe)
Rückenprobleme
Schwache Bauchmuskulatur
Klettern
Buddeln
Stemmen
Zughundesport
Hüten
Rennsport
Vermehrtes Hochlocken des Kopfes mit Futter (z. B. für Blickkontakt)
Sportarten, die vermehrt die Hinterhand belasten, wie Agility, Flyball, Frisbee

Schlusswort

Unsere Hunde sind für uns liebgewonnene „Familienmitglieder". Wir versuchen unser Möglichstes, es ihnen gut gehen zu lassen. Ich wünsche mir, dass ich mit meinem Buch etwas dazu beitrage.

Mit Hilfe der Stresspunkte lassen sich frühzeitig Muskelverspannungen erkennen und lösen und so Schmerzen und die Anfälligkeit für Verletzungen reduzieren. Für eine gesündere Bewegung braucht es meist nicht viel. Wenn Sie mit Hilfe des Buches die Schonhaltungen Ihres Hundes erkennen und einordnen können, ist bereits ein Anfang gemacht. Haben Sie zudem die Ursache der Muskelprobleme gefunden und setzen entsprechende Veränderungen im Alltag um, sind Sie sogar vorbeugend aktiv. Zudem hoffe ich, dass ich Ihnen mit meinen Anleitungen und den zahlreichen Fotos den Einstieg in die Stresspunktmassage erleichtern konnte. Wohl wissend, dass einige Griffe etwas Zeit brauchen, um sie zu beherrschen, ist meine Bitte, dass Sie nicht die Geduld verlieren. Die Erfahrung kommt mit der Übung. Nach und nach werden Sie die Hundeanatomie besser kennenlernen und leichter die verschiedenen Gewebestrukturen unter Ihren Fingern spüren. Nur Mut, solange Sie die Druckstärke wohl dosieren, nicht gegen Widerstände arbeiten und die Anmerkungen berücksichtigen, können Sie nicht viel falsch machen. Sprechen Sie im Zweifelsfall mit Ihrem Tierarzt oder Hundephysiotherapeuten.

Viel Erfolg bei der Stresspunktmassage. Ich wünsche Ihnen und Ihrem Hund alles Gute.

Über die Autorin

Die Stresspunktmassage erlernte Pia Gerecke bei dem bekannten Tierheilpraktiker und Pferdephysiotherapeut Claus Teslau und erlebte den Erfolg dieser Technik bereits 2007 in einer ihrer ersten Behandlungen am Pferd. Von da an ließ sie das Thema nicht mehr los und sie konnte nach der Ausbildung zur Hundephysiotherapeutin 2010 auch die Stresspunktmassage am Hund anwenden. Diverse Fortbildungen, unter anderem in Osteopathie und Akupunktur am Hund, folgten. Jahrelang führte sie erfolgreich eine Praxis für Hundephysiotherapie und Hundeosteopathie in der Nähe von Hamburg, bis sie aufgrund eines Sportunfalls ihren Beruf aufgeben musste. Nun hat sie das Schreiben für sich entdeckt. Schon immer gab sie Hundehaltern Übungen an die Hand, damit diese die Behandlung begleitend unterstützten. Den Wunsch, ihnen auch die Stresspunktmassage näher zu bringen, hat sie sich mit diesem Buch erfüllt.

Pia Gerecke mit Hündin Lina

Danksagung

Von ganzem Herzen danke ich meinem Mann Matthias für seine aufmunternden Worte, kreativen Verbesserungsvorschläge, die Erstellung aller Fotovorlagen und die vielen, vielen Schokoladenriegel für die Seele. Ein großes Dankeschön geht auch an unsere Hündin Lotta für ihre unermüdliche Geduld während der Fotoaufnahmen. Ohne sie hätte ich das Buchprojekt nicht realisieren können. Klein-Ida, die Vierte der Familienbande, soll nicht unerwähnt bleiben. Nach elf Jahren Tierheim lebt sie nun bei uns und zaubert mir täglich ein Lächeln auf die Lippen – ein probates Mittel gegen Schreibblockaden. Mein lieber Dank gilt ebenfalls Herrn Claus Teslau für seine fachlichen Anregungen, Frau Gisela Rau für die konstruktiven Anmerkungen, Frau Nicole Hilgers für die Fotos, die fantastische Grafikarbeit und die ansprechende Buchgestaltung.

Lotta hat jetzt Feierabend

Quellenverzeichnis

Bücher

Bockstahler, Barbara und Levine, David und Millis, Darryl. Physiotherapie auf den Punkt gebracht. Rehabilitation und Schmerzmanagement. Ein Leitfaden für die Kleintierpraxis. Babenhausen: VBS VetVerlag, 2012.

Challande-Kathmann, Iris. Rehabilitation und Physiotherapie bei Hund und Katze. Stuttgart: Schlütersche Verlag, 2009.

Done, Stanley H. und Goody, Peter C. und Evans, Susan A. und Stickland, Neil C.. Color Atlas of Veterinary Anatomy. The Dog and Cat. New York: Mosby (Elsevier) Verlag, 2007.

Fischer, Martin und Lilje, Karin E..Hunde in Bewegung. Stuttgart: Kosmos Verlag, 2011.

Gräff, Christiane und Meermann, Silke. Osteopathie bei Hunden. Stuttgart: Ulmer Verlag, 2017.

Hárrer, Sabine. Manuelle Therapie beim Hund. Das Hárrer-Konzept (cmt). Stuttgart: Sonntag Verlag, 2017.

Hofmann Claudia und Ulbrich Martina. Physiotherapie für den geriatrischen Hund. Fachfortbildung Tierphysiotherapie. Leipzig: Engelsdorfer Verlag, 2011.

Hohmann, Mima (Hrsg.). Physiotherapie in der Kleintierpraxis. Von der Befundung zum Therapieplan. Stuttgart: Sonntag Verlag, 2017.

Hohmann, Mima. Bewegungsapparat Hund. Stuttgart: Sonntag Verlag, 2015.

Hourdebaigt, Jean-Pierre. Canine Massage. A Comlete Reference Manual. Wenatchee: Dogwise Publishing, 2004.

Kasper, Markus und Zohmann, Andreas. Ganzheitliche Schmerztherapie für Hund und Katze. Stuttgart: Sonntag Verlag, 2007.

Könneker, Henrike und Reiter, Ute. Osteopathie in der Kleintierpraxis. Stuttgart: Sonntag Verlag, 2010.

Mense, Siegrfried. Muskeln, Faszien und Schmerz. Stuttgart: Thieme Verlag, 2021.

Nickel, R. und Schummer A. und Seiferle E. Lehrbuch der Anatomie der Haustiere. Band I. Bewegungsapparat. Stuttgart: Parey Verlag, 2003.

Schleip, Robert. Lehrbuch Faszien. Grundlagen, Forschung, Behandlung. München: Urban & Fischer Verlag, 2014.

Teslau, Claus. Stresspunktmassage nach Jack Meagher. Muskelprobleme: Vorbeugen und behandeln. Stuttgart: Müller Rüschlikon Verlag, 2006.

Welter-Böller, Barbara und Welter Maximilian und Janssen Heidi. Faszientherapie beim Hund. Stuttgart: Thieme Verlag, 2018.

Skripte und Seminarunterlagen

Harms, Oliver. Untersuchungsgang Bewegungsapparat Hund.

Hasse, Kerstin. Ausbildung Hundephysiotherapie

Könneker, Henrike und Reiter, Ute. Ausbildung Osteopathie für Kleintiere.

Gräff, Christiane. Osteopathie 1-3.

Scharwey Reinhold und Süße-Klintsch. Der neurologische Patient.

Schebsdat, Claudia. Stresspunktmassage beim Hund

Walter, Tanja. Triggerpunkttherapie.

Andere Quellen

Dissertation von Sebastion Brugger: Triggerpunktbehandlung im Vergleich Sprühen, Dehnen und postisometrische Relaxation sowie trockenes Nadeln und ischämische Kompression.

http://www.imaios.com/de/vet-anatomy

https://flexikon.doccheck.com/de/Veterinärmedizin

Faszien – Geheimnisvolle Welt unter der Haut. YouTube

Literaturtipps

Heritier, Carmen und Rutz, Sandra. Praxisbuch Hundefitness. Grundlagen, zielgerichtetes Training und individuelle Übungskombinationen. Nerdlen/Daun: Kynos Verlag, 2018

Heritier, Carmen. Bewusste Bodenarbeit für Hunde. Koordination, Kommunikation und Konzentration. Nerdlen/Daun: Kynos Verlag, 2022